석유도 만드는 **생명과학의 힘!**

미생물의
세계

감수 ㅣ 서울대학교 생명과학부 명예교수 **이정주**
편역 ㅣ 과학나눔연구회 **정해상**

일진사

지구가 탄생한 것은 46억 년 전이고, 최초의 미생물이 이 세상에 태어난 것은 약 35억 년 전이라고 한다. 이 오랜 역사의 무대에 우리 인간이 처음으로 등장한 것은 고작 1백만 년 이전이었으므로 35억 년이라는 생물의 역사에서 보면 매우 최근의 일이라 할 수 있다. 35억 년이라고 간단하게 말하지만 그것이 도대체 얼마나 긴 세월을 의미하는 것일까?

35억 년을 편의상 1년으로 단축하면, 인간이 이 세상에 태어난 것은 12월 31일 오후 11시 59분 몇십 초에 해당한다고 한다.

이처럼 미생물은 오랜 역사를 가지고 있지만 인간의 눈에 발견된 것은 최근의 일이었고, 미생물이 물질을 부패시키거나 혹은 질병을 일으키기도 한다는 사실이 알려진 것도 불과 100여 년밖에 지나지 않았다.

"음식물에 미생물이 들어가면 썩는다"는 것은 1861년에 프랑스의 미생물학자 루이 파스퇴르(Louis Pasteur; 1822~1895)가 발견하기 전까지는 그 인과관계를 전혀 알지 못했다.

파스퇴르는 스완넥 플라스크를 사용한 유명한 실험에서, 공기 중에서 미생물이 날아들지 않으면 물질은 부패하지 않는다는 것을 실증했다. 그리고 생물 혹은 생명이라는 것은 어버이에서 전수된 다는 학설을 주장했다.

1881년에는 독일의 로베르트 코흐(Robert Koch; 1843~1910)가 콜레라균을 분리하여 콜레라와 인간의 질병관계가 밝혀졌다. 전염 병은 많았지만 그 이전에는 그것이 미생물에 의한 것이라고는 전 혀 생각하지 못했었다.

1346년부터 1350년에 걸쳐 페스트(Pest;일명 흑사병)가 유럽을 강타해 유럽 인구를 급격하게 감소시킬 정도로 맹위를 떨쳤다. 사 람들은 그때 이는 신이 내린 업보라며, 마귀를 쫓는 조각품을 여 기저기 세우기도 하였다.

1660년경 네덜란드의 안톤 판 레벤후크(Anton van Leeuwen-hoek; 1632~1723)라는 사람이 처음으로 현미경을 사용하여 작은 생물이 있다는 것을 발견했다. 그때부터 우리는 미생물이라는 것 을 눈으로 볼 수 있게 되었다. 그러나 그것이 물질을 부패시킨다거 나 질병을 일으킨다는 것까지는 생각하지 못했다.

미생물학은 그것이 학문으로 확립되고 나서 아직 1백여 년밖에 지나지 않았다. 그러므로 극단적으로 말한다면, 이것은 아직 과학 이라고 하기에는 너무 어린 나이인 셈이다.

왜냐하면 수학이나 물리학만 하더라도 그리스·로마시대부터 존 재했고, 오랜 시간에 걸쳐 쌓아올려진 과학이자 학문이다. 하지만 미생물의 역사는 고작 100년 정도에 불과하다.

마치 이것은 인간이 여러 곳에서 식물을 발견한 후에, "이것을 야채라고 하자"고 하거나 "농업을 일구어 음식물로 쓰자"고 하거나, 혹은 동물을 포획하여 가축으로 기르려고 한, 자연을 다스리기 시작한 시기와 같은 선상일 것이다.

우리는 아직 미생물의 분리방법을 충분히 알지 못한다. 미생물이 어떻게 분포되어 있는지도 알지 못한다. 이처럼 미생물에 대한 지식은 아직 부족하다. 여러 가지 시행착오를 되풀이하고 있는 단계이다. 그러나 그 와중에도 속속 새로운 미생물이 발견되고 새로운 배양방법도 연구되어 왔다. 그 결과 우리에게 도움이 되는 것이 여러 가지 생겨나고 그 이용도 놀라울 정도로 확대되고 있다.

인류가 식물을 정착시키기 시작하고 혹은 동물을 길들여서 따르게 한 '가축화'의 개시 시기와 동일한 시기라 할 수 있다.

미생물을 '가축'의 범주에 넣은 의미는 여기에 있다. 바로 지금은 그 '가축화'가 시작된 때라고 볼 수 있다.

앞서 미생물의 분리방법, 분포 등에 대한 지식이 부족하다고 했다. 그렇다면 그것이 어느 정도인지 간단한 예를 들어 보겠다.

보통 미생물을 분리하는 경우에는 흙을 사용한다. 예를 들어 밭의 흙이나 정원의 흙을 가져와서 현미경으로 관찰하며 조사한다. 그 흙 1그램 속에 미생물이 몇 개체나 있을까? 현미경을 사용하여 세어 보면 약 $10^7 \sim 10^8$개체가 있다고 한다. 1천만 개체에서 1억 개체, 경우에 따라서는 10억 개체 정도가 흙 속에 존재한다는 것이다.

그러나 미생물을 현미경으로 보는 것과 미생물을 분리하는 것은 전혀 다른 문제이다. 우리가 그중에서 몇 개체나 분리할 수 있느냐

하면 1% 정도가 고작이다. 경우에 따라서는 0.1% 정도일 때도 있다고 한다. 믿어지지 않겠지만 우리는 아직 미생물 중의 99%를 분리하지 못하는 셈이다.

그럼 어째서 분리하지 못하는 것일까? 미생물에 대한 지식이 부족한 것이 그 원인이다. 우리는 아직 미생물이 살아있기 위한 조건도 충분히 알지 못한다. 또 미생물이 어떤 곳에 많이 존재하는지, 혹은 어떤 곳에서는 적게 존재하는지 등도 분명하게 알지 못한다. 물론 지역에 따른 미생물의 종류도 확실하게는 알지 못한다.

가령 우리나라의 경우라면 서울의 흙을 조사한 경우와 호남 또는 제주도의 흙을 조사한 경우에, 거기서 분리되는 균의 종류와 형태가 명백히 다를 수 있다. 이와 같이 지역에 따라 분포가 다르다는 것은 짐작할 수 있으나 그 확실한 위치 확정은 아직 불가능한 상태이다.

우리가 익히 알고 있고, 가장 많이 연구되고 있는 대장균마저도 아직 알지 못하는 부분이 많다. 대장균의 유전자(DNA)를 예로 들어 보자.

대장균의 DNA 길이는 약 1.8mm이다. 알기 쉽도록 유전자를 컴퓨터의 프로그램이라 생각해 보자. 이 1.8mm의 DNA 속에 유전정보를 가진 유전자가 얼마나 있는지 계산해 보면 약 2000~4000개 정도 포함되어 있는 것으로 나온다. 즉 2000~4000개의 프로그램이 있는 셈이지만 그중에 우리가 알고 있는 것은 지금으로선 860~1000개 정도이다. 50% 이상은 알지 못하는 셈이다. 대장균도 이러하니 고초균이나 효모 같은 경우에는 모르는 부분이 태산이다.

지금까지 알고 있는 분리방법이나 분포 등에 대한 정보를 전부 합쳐 보아도 미생물에 관한 우리의 지식은 아직 빈곤상태를 면하기 어렵다. 다시 말하면 미생물은 아직 미지의 영역이라고 할 수 있다.

새로운 미생물은 앞으로도 속속 탐지될 것이다. 그리고 미생물을 우리 인간의 편의에 맞도록 여러 가지로 바꾸는 기술도 더욱 더 발전할 것이다.

앞으로도 새로운 미생물들이 인간에 의해 연이어 발견되지 않겠는가. 이는 어떤 의미에서는 응용미생물학자들의 공통된 생각과 철학이다.

차 례

제3장 : 미생물로 만드는 유전자

제4장 : 야생의 미생물들

제5장 : 새로운 미생물을 만든다

제6장 : 최첨단 연구 과제들

제1장

대지에서 본 미생물

한 줌의 흙 속에

대지와 그 미생물

대지에 서서 무성한 나무들과 풀이며 꽃들을 바라보면 누구나 생명의 신비함을 느끼게 된다. 또 크고 작은 나무며 풀과 꽃들 주위의 흙을 유심히 살펴보면 여러 가지 작은 동물들의 움직임도 목격하게 된다. 이런 정경 속에서 우리는 삶의 영위를 생각하게 된다. 그러나 그것은 어디까지나 이어지면서도 신비함을 잃지 않는 사색의 순간이다.

손을 뻗어 한 줌의 흙을 움켜쥐어 보자. 초목이 무성했던 습한 흙이므로 손에 느껴지는 감촉이 매우 부드럽고 흙 특유의 토향이 느껴진다.

흙은 옷에 쉽게 물든다. 흙에 포함된 부식(腐植)이라는 유기물 때문이다. 흙은 옷뿐만 아니라 손도 더럽힌다. 흙의 미세한 입자는 손에 달라붙어 좀처럼 떨어지지 않으려고 한다.

그러나 사실 지금의 우리에게 있어 가장 큰 관심은 무엇보다도 이 흙 속에 얼마나 다종다양한, 육안으로는 볼 수 없을 만큼 작은 생물들이 각각의 삶을 영위하며 살아가고 있는가이다. 특히 한 숟가락 정도의 흙에 1mm의 1/1000인 1μ(미크론) 이하 크기의 세포가 지구상의 총 인구와 맞먹는 수만큼 살고 있다는 사실에 놀라지 않을 수 없다.

어떤 저명한 미생물학자는 "한 줌의 흙 속에는 온갖 미생물이 살고 있다"고 했다. 그것은 다소 과장된 기미가 있다 치더라도 확실히 흙 속에는 35억 년의 생명의 역사가 압축되어 있듯이 다양한 미생물이 살고 있다.

이 광대한 우주에 다양한 미생물들이 사는 흙을 가진 별이 지구 말고 또 있을까? 태양계에서 찾을 수 없다면 은하계의 어딘가에, 그것도 어렵다면 은하계 밖의 성운(星雲) 어딘가에라도 그러한 별이 있을까?

흙에 사는 미생물은 크게 나누어 5개 그룹이 알려져 있다. 즉 세균, 사상균(絲狀菌), 원생동물, 조류(藻類), 그리고 바이러스이다.

세균 그룹은 흙 속에서 가장 수가 많다. 보통 알려져 있는 세균의 모양은 3개, 즉 간상(桿狀), 구상(球狀), 그리고 콤마상(Comma狀)으로 나뉜다. 크기는 보통 $0.5{\sim}2\mu$ 정도라고 하지만 무슨 이유에서인지 흙에서는 그보다 작은 것이 압도적으로 많다.

흙에 사는 미생물 중에서 세균은 가장 주목할 만한 것으로, 가끔 화제가 되기도 한다. 그 수가 많을 뿐만 아니라 실로 다종다양한 물질을 화학적으로 변화시키는 것 등이 그 이유이다.

사상균은 균사라고 불리는 실 상태의 몸과 여러 가지 형태의 포자(胞子)의 집합체로 구성된다. 균사의 너비는 보통 수 미크론 이상

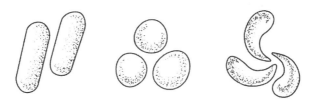

그림 1.1 여러 가지 모양의 미생물들

이고, 길이는 100미크론 이상인 것이 많다. 포자는 사상균의 종류에 따라 각각 독특한 형태와 크기로 되어 있다. 포자 1개의 크기는 수 미크론을 넘는 것이 일반적이고 포자의 집합체는 수십 미크론 이상인 것이 많다. 따라서 사상균은 세균보다 상당히 큰 편이다. 사상균은 광합성을 하지 않는 원시적 식물로 간주된다.

흙 속에서의 사상균의 양을 고려할 때 개체수로 나타내면 혼란을 일으킬 수 있다. 수 미크론의 포자 1개도 길이 수십 미크론의 균사와 마찬가지로 증식되고, 똑같이 1개의 개체로 간주되기 때문이다. 따라서 사상균의 경우는 사상균의 몸의 총량(바이오매스라 한다)을 건조한 무게 또는 체내의 탄소 무게로 표시하는 경우가 많다. 흙의 사상균 개체수는 세균의 1/10 이하이지만 몸체가 크기 때문에 바이오매스는 세균의 그것과 같거나 그 이상인 경우가 보통이다.

사상균의 작용 중 중요한 것은 식물의 섬유와 리그닌, 동물의 가죽과 키틴을 분해하는 작용이다.

미생물에도 여러 가지 모양과 크기가 있지만 가장 작은 것도 수 미크론 이상은 되며, 세균보다는 훨씬 크다. 물속에서 신속하게 움직일 수 있고 세균을 먹고 증식한다. 건조에 민감하며 바로 내건성(耐乾性)의 시스트(cyst)라 불리는 휴면체로 변하는 것으로 보인다.

조류(藻類)는 광합성을 영위하는 단세포 식물이며, 원생동물과 같은 크기이다. 어떤 흙에 살고 있는지, 다른 미생물에 비하면 이제까지 크게 주목받지 못했던 것이 사실이다.

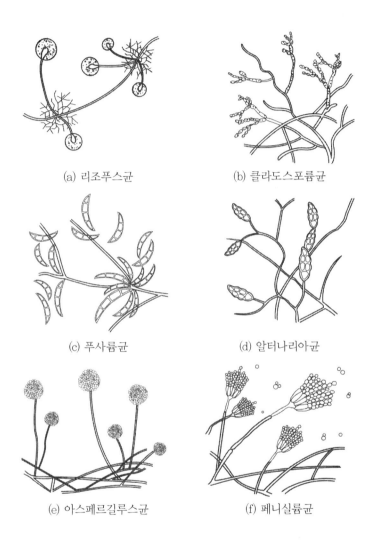

(a) 리조푸스균

(b) 클라도스포륨균

(c) 푸사륨균

(d) 알터나리아균

(e) 아스페르길루스균

(f) 페니실륨균

그림 1.2 사상균의 포자

마지막으로 바이러스는 0.2μ 이하의 가장 작은 미생물이며, 게다가 늘 특정 생물에 기생하여 증식하기 때문에 흙 속에 어느 정도 존재하고 있는가를 알기는 매우 어렵다.

이제까지 설명한 바와 같이 미생물에는 원생동물처럼 동물적인 것, 사상균이나 조류처럼 식물적인 것, 그리고 세균이나 바이러스처럼 동물이나 식물로 구별할 수 없는 것 등 3개 군(群)이 있다. 세균에서 원생동물과 사상균, 조류가 태어나고, 또 각종 동물과 식물이 진화한 것으로 믿어진다.

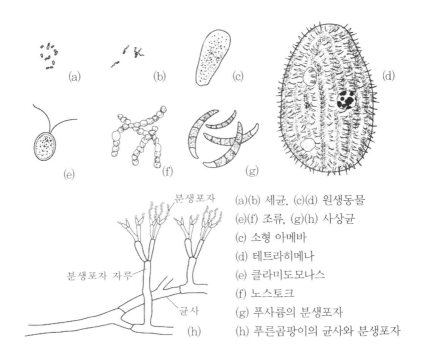

(a)(b) 세균, (c)(d) 원생동물
(e)(f) 조류, (g)(h) 사상균
(c) 소형 아메바
(d) 테트라히메나
(e) 클라미도모나스
(f) 노스토크
(g) 푸사륨의 분생포자
(h) 푸른곰팡이의 균사와 분생포자

분생포자
분생포자 자루
균사

그림 1.3 각종 미생물의 형태와 크기의 비교

이렇게 하여 우리가 대지의 미생물을 생각할 때 두 가지 모습을 복합시키게 된다. 그 하나는 원시적 생명들의 모습이고, 또 하나는 35억 년 이상이라는 긴 생명의 역사 속에서 태어난 다양한 생명의 모습이다.

활동형과 휴면형

미생물들의 생활 형태는 두 종류가 있다. 하나는 '활동형'으로, 증식하고 있는 세균, 조류, 원생동물의 세포와 사상균의 균사가 이에 속한다. 증식이 멈추더라도 얼마간 활동형으로 존재하는 것도 있다. 다른 하나는 '휴면형'으로, 포자와 시스트라 불리는 특별한 세포를 만드는 것이 있다. 그러나 세균의 경우는 소수의 종류에 대해서만 휴면형이 알려져 있다. 다른 대부분의 세균에 대해서는 휴면형이 있는지 없는지 밝혀지지 못한 상태에 있다.

땅에는 고등동물로서는 상상하기도 어려운 미생물들이 다양하게 포함되어 있다. 예를 들어, 고등동물에게 있어서는 유해하고 치명적인 효과를 갖는 물질을 영양분으로 삼아 증식하는 미생물이 있다. 인간에게는 맹독인 청산가리와 황화수소는 시아노박터(Cyanobacter)라는 세균에게 있어서는 중요한 영양이다. 일산화탄소를 이용하는 세균의 존재도 밝혀졌으며, 비소, 아연, 납, 구리, 수은 등을 변화시키는 미생물도 있다.

한편, 고등동·식물로서는 생존이 어려울 것으로 예상되는 가혹한 조건에서 살아가는 미생물들도 있다. 많은 생물은 50℃ 이상에서는 생존하지 못하고 사멸한다. 그러나 '써무스(Thermus)'라는 세균은 70℃ 이상에서도 증식한다. 이 외에도 50℃ 이상에서 증식할 수 있는 미생물은 상당히 많다. 또 세균 중에는 100℃ 이상에서도 생존할 수 있는 내열성의 포자를 만드는 것도 많다. 예를 들어 흙에서 많이 볼 수 있는 세균인 '바실루스(*Bacillus*)'가 그러하다. 강한 산과 강한 알칼리 속에서 대부분의 생물은 사멸하게 마련이다. 그러나 '티오바실루스(*Thiobacillus*)'라는 세균 중에는 pH 1의 황산용액 속에서 생존하는 것이 있다. 또 pH 10 이상의 알칼리 용액에서 증식할 수 있는 바실루스균이 발견되기도 했다.

염류는 미생물의 생존에 불가결한 영양분이지만 그 농도가 5% 이상으로 높아지면 많은 미생물들이 존재할 수 없게 된다. 그래서 식염은 옛날부터 식물의 방부제로 사용되어 왔다. 그러나 흙 속에는 10% 이상의 식염수에서도 생존할 수 있는 호염성(好塩性) 세균도 다수 있다.

미생물의 분포

지구 표면의 30%를 점유하는 육지에서는 곳곳마다 미생물이 다수 존재하며 그 삶을 영위하고 있다. 동물과 식물의 종류는 극지와 열대가 다르고, 또 대륙의 차이에 따라 현저하게 변화하지만, 일반적으로 미생물의 종류는 동·식물만큼 현저하게 변화하지는 않는 것으로 알려져 있다. 그러나 미생물은 눈에 보이지 않고 동·식물만큼 잘 관찰, 조사되지 못했음을 고려할 필요가 있다.

대지의 미생물 양을 측정하는 방식에는 아직 해결되지 못한 문제가 있으며, 그 분포에는 일단 다음과 같은 경향이 있다고 할 수 있다. 일반적으로 세균이나 사상균의 양은 극지에서 열대지역에 걸쳐 증가하는 경향이 있다. 반대로 원생동물은 열대지역보다 온대나 한대지역에서 월등하게 많은 것으로 보인다.

미슈스틴 등이 바실루스 세균 그룹을 조사한 결과에 따르면, 이 그룹의 개체수는 북극에서 열대로 갈수록 점차 증가하고, 열대 초원의 흙에서는 극지보다 100배나 되었다고 한다. 또 같은 경향은 높은 산에서, 그리고 고지대에서 저지대로 갈수록 나타났다고 한다.

그들은 또 페니실륨속(항생물질인 페니실린은 이 속의 사상균 중 어떤 것이 생산한다)의 여러 가지 그룹의 분포를 조사하여 장소에 따라 특정한 그룹이 우세하게 되는 경향이 있다고 보고했다.

이상은 극히 초보적인 관찰과 조사의 결과이므로 장차 정확하고 상세한 조사가 진행된다면 모름지기 동·식물의 경우 이상으로 지역에 따른 미생물 분포의 특징이 인정을 받게 될 것이다.

지표에서 지하로

대지의 미생물은 지표 부근에 가장 많이 살고 있다. 조류는 광합성을 영위하기 때문에 특히 지표가 중요한 삶의 터전이 된다. 사상균의 대부분도 식물의 낙엽이나 떨어진 잔가지들이 집적하는 지표 부근에서 활동한다. 그러나 유체가 된 식물 뿌리를 분해하는 것도 있으며, 그 활동은 어느 정도 깊은 토층까지에도 이른다.

원생동물은 운동성도 있어, 그 수직 분포는 정황에 따라 상당히 변화하는 모양이다. 그러나 세균 이외 미생물의 주요 생활터전은 지표에서 수십 센티미터 깊이라 하여도 크게 틀린 말은 아니다. 그리고 지표에서 1미터 이상의 깊은 땅속에는 이들 미생물이 거의 없다고 봐도 틀린 생각은 아닐 것이다.

세균의 경우도 지표 부근이 가장 주요한 거주지라 할 수 있다. 다만 다른 점은 지표에서 1미터 깊이에 이르러도 지표의 수십 분의 1 정도 개체수의 세균이 살고 있다는 사실이다. 세균 중에는 다른 미생물들과는 달리 빛이나 생물 유체를 이용하지 않더라도 무기물만을 이용하여 생활하는 여러 가지 그룹이 있으므로 지하의 상당히 깊은 장소에도 존재하고 있는 것으로 여겨진다.

러시아의 세균학자들은 구소련 시대부터 지하에 있는 세균의 존재량을 조사하고 있는 것으로 알려져 있다. 어떤 보고에 의하면 지하 1천 미터의 퇴적암 1그램 속에 수천만 개의 세균이 있었다고 한다. 이것은 지표의 흙에 사는 세균의 약 1/100에 상당한다. 유사한 보고는 이 밖에도 여러 건 볼 수 있다.

한편 이런 종류의 보고에 대하여, 지하에서 채취한 시료(試料)가 지상의 세균에 의해서 오염되었을 경우를 가정하여 비판적인 견해를 표명하는 연구자도 많다. 그러나 최근 미국의 연구그룹도 지상 세균에 의한 오염을 피해 주의 깊게 행한 실험으로 지하 300미터의 퇴적물 1그램 속에서 수천만 개체의 세균을 관찰한 사실을 보고한 바 있으며, 또한 지하의 시료에 포함되어 있는 세균의 종류가 다양함을 강조하고 있다. 지표에서와 마찬가지로 이렇게 지하에 사는 세균의 실태를 조사하는 일은 매우 중요한 의미를 갖고 있는 것으로 생각된다.

생물사회를 받쳐 준다

생물 유체의 분해

대지의 미생물이 주목을 받게 되는 이유는 무엇보다도 생물사회를 받쳐 주는 역할 때문일 것이다.

"만약 대지의 미생물 활동이 없다면 지상은 곧 동물과 식물의 유체가 산처럼 쌓일 것"이라고 많은 사람들은 지적하고 있다. 확실히 대지의 세균과 사상균 중에는 생물의 유체를 분해하는 것이 여러 종류 포함되어 있다.

생물을 구성하는 물질에는 물에 녹기 쉽고 많은 미생물에 의해서 비교적 신속하게 분해되는 것과, 섬유계나 리그닌처럼 물에 녹지 않고 특수한 미생물에 의해서 완만하게 분해되는 것이 있다. 그러나 대지에 사는 다종다양한 미생물 중에서 생물 유체 분해에 직접 관여하는 것은 극히 일부일 것으로 생각된다. 즉, 생물 유체 상에서는 특별한 미생물 그룹이 활동하고 있다고 한다.

영양의 공급자

그러나 대지의 미생물은 생물의 유체 분해만으로 중요한 역할을 수행하는 것은 아니다. 살아 있는 식물과 동물의 생활에도 대지의 미생물은 깊이 관여한다. 그중에서도 식물의 생육에 필요한 영양물 공급자로서의 역할은 잘 알려져 있다. 물론 생물 유체의 분해에 의해서도 암모니아, 인, 칼륨 등의 영양이 식물에 공급된다.

하지만 가장 주목을 받아온 것은 공기 중의 질소가스를 암모니아로 바꾸는 질소 고정균이라는 미생물들이었다. 질소 고정균은 두 그룹으로 구별된다. 그 하나는 콩과 식물 등의 뿌리에 생기는 '근립(根粒, 콩과 식물에서 세균 감염으로 생기는 작은 융기부)'에서 질소를 암모니아로 변환하면서 살아가는 근립균처럼 식물과 공생하는 미생물이다. 최근 몇 가지 새로운 공생적 질소 고정균 발견이 보고되었다.

다른 하나의 그룹은 비공생적인 것으로, 아조토박터(Azotobacter)처럼 식물과는 직접 관계없이 흙 속에 살며 공중 질소가스를 고정하고 있는 미생물들이다. 비공생적 질소 고정균에 대해서도 최근 새로운 미생물 발견이 이어지고 있다고 한다. 또 여기서 비공생적이라는 것은 식물과 공생하지 않는다는 것이지 다른 미생물과 공생관계에 있을 가능성까지 부정하는 것은 아니다.

동물과 토양 미생물의 관계는 무엇보다도 다음, 그리고 그다음으로 이어지는 먹는 자와 먹히는 자의 관계(이를 '먹이사슬'이라고 한다)일 것이다. 세균은 원생동물에 먹히고, 사상균과 원생동물은 그보다 큰 토양동물인 네마토다(Nematoda) 등에 먹히며, 네마토다들은 또 더 큰 동물에 먹히는 먹이사슬의 그물눈 같은 관계가 존재하고 있다. 동물 중에는 식물을 먹는 것도 있지만 그 체내에서는 섬유소 등을 분해하는 미생물이 공존하여 동물을 양육하고 있다.

특히 토양동물과 미생물과의 공생 또는 기생동물에 대하여 우리는 아직 너무 많은 것을 모르고 있다.

생물사회의 개척자

동·식물이 생활하는 데 있어 대지의 미생물이 불가결한 동료라는 사실은 명백하다. 그 때문인지 많은 사람들은 미생물이 동·식물을 위해 존재하는 것이라고 생각하기도 한다. 하지만 반드시 그런 것만은 아니며, 많은 미생물은 동물과 식물 없이도 생활할 수 있다. 게다가 무엇보다 중요한 것은 35억 년 이상이라는 지구상의 생명의 역사에서, 고등한 동·식물이 활동한 것은 그 1/5 이하인 6억 년 전후에 불과하다는 사실이다. 나머지 4/5인 30억 년 가까운 기간 동안 미생물만이 지구상에서 그 생을 영위하여 온 것으로 받아들여지고 있다.

특히 육상에서의 동·식물의 활동기간은 더욱 짧아, 4억 년 정도인 것으로 추리된다. 35억 년 전, 얕은 바다에 출현한 생명은 다양한 미생물로 진화되면서 그 생활범위를 확대시켜 나갔을 것이다. 거무스름하고 울퉁불퉁한 바위들이 늘어서 있을 것으로 추정되는, 지구 초기의 육지로 미생물은 그 생활범위를 넓혀 나갔을 것이다.

초기의 지표는 글자 그대로 생명의 그림자도 없이 바위만이 덮여 있었고, 그런 곳에 미생물들이 삶의 터전을 잡기 위해서는 여러 가지 시행착오가 있었을 것임은 틀림없다. 다양한 미생물의 출현과 서로의 공동에 의해서 미생물들은 점차 육지로 생활 장소를 확대

할 수 있었을 것이다. 건조에 강한 포자를 만드는 미생물, 광합성을 영위하는 여러 가지 화학반응에 의해서 탄산가스에서 유기물을 만드는 미생물 등은 원시 미생물 공동체의 중요한 멤버였을 것으로 여겨진다.

그런 중에 사상균과 조류가 공생하고, 하나의 생명체와 같은 강고한 구조를 형성하고 있는 지의(地衣 : 지의류 식물을 통틀어 이르는 말)가 출현했을 것이다. 지의는 오늘날에도 동·식물이 아직 생활하고 있지 않은 황무지나 높은 산에서 바위 등의 흙에 번식하고 있는 것을 곧잘 발견하게 된다. 이 지의의 출현에 의해서 다른 미생물들의 활동도 왕성해지고 암석의 풍화를 촉진하여 원시 토양을 만들기 시작했을 것이다. 이렇게 하여 식물과 동물의 육지권에서의 생활이 준비되었을 것임이 틀림없다. 미생물들은 육지권에서 생물사회의 개척자였고, 그들에게는 그들 나름의 삶이 있었다고 생각된다.

인간과 미생물

자연 속에서 미생물을 찾아내고, 그 생활을 관찰하는 것은 오늘날에 이르러서도 그렇게 손쉽게 이루어지는 것은 아니다. 그에 비한다면 눈에 보이는 동·식물을 관찰하는 것은 사실 쉬운 편에 속한다.

인간은 어릴 적부터 늘 동물과 식물들을 대하며 자기 나름의 친밀감을 쌓아 왔다. 동·식물과 인간 사이에는 100만 년이 넘는 인간의 장구한 역사를 통하여 항상 깊은 접촉이 있어 왔다. 이와 같은 접촉은 언어나 습관, 그리고 문화와 산업에까지 다양한 형태로 반영되고, 그것이 또 인간과 동물의 관계를 한 걸음 더 가깝고 온유한 것으로 만들었다.

이에 비하여 육안으로 볼 수 없는 미생물은 인간에게 발견된 지고작 300여 년밖에 되지 않는다. 본격적으로 연구를 하게 된 것도 불과 200년 정도의 짧은 기간이다. 게다가 미생물 연구에 관련되는 사람의 수는 많게 잡아도 세계를 통틀어 불과 수십만 명 정도일 것이라고 한다. 그리고 학교 교육 등을 통해 한 번이라도 미생물을 접해 본 사람은 수백만 명 정도라고 한다. 즉 전 인구의 0.1%만 미생물을 직접적으로 경험해 본 것이다.

이와 같은 극히 한정된 경험을 바탕으로, 자연계에 사는 미생물이 영위하는 세계를 이해한다는 것은 쉬운 일이 아니다. 분명히, 같은 생물이라 할지라도 미생물은 사람들에게 있어서 너무나 생소한 존재인 것만은 사실이다.

직접 볼 수 없는 것에 대한 인간의 관심은 선악 중 어느 하나를 강조하기 쉽다. 미생물의 경우가 바로 그러하다.

오랜 옛날부터 미생물은 술 등의 알코올음료와 간장 같은 장류 등의 발효식품 생산에 이용되어 왔다. 그러나 미생물로부터 받는 최대의 혜택은 항생물질이다.

인간이 항생물질의 생산법을 배운 지 불과 반세기 정도밖에 지나지 않았음에도 불구하고 인간을 괴롭히던 질병의 양상은 급변했다. 많은 사람들을 고통에 몰아넣었던 결핵은 크게 후퇴했고, 기타 미생물 감염으로 인한 병고도 현저하게 극복되고 있다. 이 모든 진전은 미생물의 위력에 의존한 바가 크다. 오늘날에도 새로운 항생물질을 구하는 사람들의 수는 많다. 이들의 가장 큰 목표는 암을 극복할 수 있는 항생물질일지도 모른다.

1970년대 이후 바이오테크놀로지 붐을 타고, 미생물의 다양한 능력 개발과 그 기술적 이용에 관심이 모아지게 되었다. 미생물의 새로운 능력, 이용방법이 심심치 않게 매스컴의 과학란에 소개되기 시작한 것도 이 무렵부터였다.

자연에 사는 미생물 또한 동·식물의 유체나 배설물의 분해자, 청소자로서 사람들의 관심을 사고 있다. 그러나 이전부터 가장 주목을 받은 것은, 농작물 생산에 미생물을 이용하는 문제였다. 미생물을 능동적으로 활용하여 작물의 생산을 늘리려는 염원은 직접 농작물을 재배하는 사람들만의 바람은 아니었다. 즉, 이처럼 미생물을 더욱 활용하여 혜택을 보려는 생각은 실험실이나 공장뿐만 아니라 자연에서도 사람들을 매료시키고 있다.

한편, 미생물은 질병을 일으키는 원인으로 오랜 세월 사람들을 괴롭혀 왔고, 소중한 생명을 앗아가기도 했다. 그 때문에 눈에 보이지 않는 미생물은 사회활동이나 일상생활에서 사람들에게 두려움을 안겨주고, 혐오의 대상으로 여겨져 배제되어 왔다.

때로는 토양의 미생물 전체가 혐오와 경계의 대상이 되었다. 외국의 흙을 그대로 국내로 가져오는 것은 엄격한 감시 없이는 허용되지 않는다. 그 흙에 위험한 미생물이 존재할지도 모른다는 이유에서이다.

많은 어린이들은 손에 흙이 묻으면 세균이 있을지도 모르니 즉시 손을 씻으라는 교육을 받는다. 일상생활에서 소독을 하는 것은 미생물의 유해성에 대해 두려움을 느끼는 것으로, 그 두려움은 선입견 때문이다.

우리의 미생물에 대한 개념은 인간에게 혜택을 준다는 긍정적인 이미지와 질병을 불러일으킬 우려가 있다는 부정적인 이미지 사이를 크게 오가고 있다. 앞으로 바이오테크놀로지가 발전함에 따라 이 동요는 심각한 사회문제로 부각될지도 모른다.

야외에서의 어떤 미생물 이용계획을 둘러싸고, 혜택을 바라고 계획의 추진을 주장하는 그룹과 미생물로 인한 피해를 우려하여 계획의 중지 혹은 연기를 주장하는 그룹이 격렬하게 대립하는 경우도 예상해 볼 수 있다. 눈에 보이지 않는 생물인 만큼 두 그룹 간의 대화는 한층 어려워질지 모른다.

미생물 연구의 명암

약 180년 전, 미생물에 관한 연구는 생물학 중에서도 가장 뒤쳐진 분야였다. 연구자들 대부분은 아직 미생물을 생물로 인정하는 것 자체도 주저하는 상태였다. 그러나 이 한 세기 반 조금 넘는 시간 동안의 연구 발전은 참으로 놀라울 정도였다.

일단 미생물도 동·식물과 같은 생물이라고 인정하고 나니, 그 후의 발전은 가속적이었다. 그것은 다음과 같은 특별한 사정에 의해서였다고 생각된다.

19세기부터 20세기에 걸친 과학 발전의 중심 과제는 물질세계 전체로서는 누가 무엇을 주장하든 원자 구조의 해명이었으며, 생물세계에 국한해서 보면 생물체의 원자적 조립과 그 설계를 감당하는 유전자의 해명이었다고 할 수 있다. 이 과정에서는 생물 개개의 특수성보다도 생물 전체에 공통되는 규칙성이 가장 열심히 탐구되었다.

20세기의 지도적 생물학자인 프랑스의 모노(Jacques Monod；1910~1976)는 "대장균이라는 세균에서 발견된 진리는 코끼리에게 있어서도 진리"라고 하였는데, 그것은 생물학의 시대적 경향을 잘 표현하고 있다.

생물 공통의 규칙성을 탐구하는 데 있어서 미생물, 특히 대장균 같은 세균은 매우 편리한 연구재료가 되었다. 동물이나 식물의 경우, 탄생한 새끼가 어른이 되어 다시 자식을 낳기까지의 시간이 수개월 이상, 때로는 10년 이상 필요한 데 반해, 대장균 같은 세균은 불과 20분 전후면 되기 때문이다. 이렇게 미생물을 사용함으로써 실험의 효과를 몇백 배, 몇천 배나 높일 수 있다.

이렇게 하여 이 한 세기 반 정도 사이에 먼저 생물화학, 이어서 유전생물학 분야에서 미생물을 재료로 정력적인 실험적 연구가 이루어졌다. 특히 1950년대부터 1970년대에 걸쳐 생물학의 다른 분야에서 활동하는 연구자의 수십 배에서 수백 배의 연구자가 이들 분야에서 치열한 연구 경쟁을 전개하여 왔다. 이들의 연구를 뒷받침하는 연구 경비에서는 다른 분야와의 사이에 더욱 큰 격차가 있었을 것으로 생각된다. 그리하여 미생물 연구는 생물학 연구의 가장 앞에 서게 되어 다른 분야를 이끄는 상황에까지 이르렀다.

오늘날, 우리는 생물의 몸 안에서 일어나고 있는 일들을 원자와 분자 수준에서 상당히 상세하게 이해할 수 있게 되었으며, 이는 모두 미생물 연구의 성과에서 획득된 공이 크다. 하지만 이 한 세기 반에 걸친 미생물 실험연구의 중심은 편리하고 효과적인 실험미생물을 구사하여 생물 공통의 규칙성을 탐구하는 경향이 강했다. 그 때문에 미생물 중에서도 특정한 그룹이 집중적으로 연구되는 편향성이 있었다.

전문가들의 소견에 의하면, 1950년대부터 1970년대에 걸쳐서는 이 경향이 극단적이어서 대장균 등 소수의 세균 그룹으로만 압도적으로 많은 연구가 진행되었다. 따라서 미생물학이 고도로 발전했다고는 하지만, 그것은 다양한 미생물, 특히 자연에서의 그들의 삶을 깊이 이해할 수 있게 되었다는 것을 의미하는 것은 아니다.

아니, 사실은 그 반대이다. 우리는 한 줌의 흙 속에 사는 미생물들의 대부분, 그러니까 99.99%의 미생물에 대하여 그 이름조차 부여하지 못하고 있다.

세균의 경우 현미경으로 보아도 비슷해 보이는 것들이 많아, 형태를 관찰하는 것만으로는 A라는 세균과 B라는 세균을 구별할 수 없는 것이 일반적이다. 따라서 현미경 관찰에만 의존하여 세균을 분별하고 이름을 부여하는 것은 특수한 형체의 세균 이외에는 불가능하다.

세균을 분류하여 이름을 붙이는 현재의 방법에서는 그 세균을 증식시키고, 증식과 관련하여 일어나는 여러 가지 화학변화를 조사할 필요가 있다. 또 최근에는 증식시켜 대량으로 늘어난 세균을 모아, 그 몸체를 구성하고 있는 고분자의 종류와 특징을 분석함으로써 보다 정확하게 분류하려는 연구도 시도되고 있다.

그러나 이와 같은 분류가 가능하다는 전제로, 우선 흙의 세균을 증식시킬 필요가 있다. 이 문제는 이 책의 후반에서 논하는 미생물 수의 측정 문제와도 관련하여 오늘날까지 해결되지 못한 가장 큰 어려움이라 할 수 있다. 즉, 한 줌의 흙 속에 존재하는 세균의 약 99%는 현대 미생물학의 손에 의해서도 생각대로 증식시킬 수 없는 것이 사실이다. 나머지 1%에 대해서는 증식시키는 것이 가능하지만 그 대부분은 아직 분류적 연구도 하지 못했다. 이는 20세기 초반에 이미 밝혀진 사실이다.

사람들은 말할지도 모른다. 흙은 복잡하고 어렵다든가, 흙의 미생물 연구는 검소하고 차분하여 많은 연구자에게 있어 매력적인 것이 아니라고. 그러나 그것은 지금 기술한 나머지 1%의 세균 연구에 관하여 말할 수 있는 것이지, 99%의 세균에 대해서는 전혀 해당되지 않는 말이다. 99%의 세균을 생각대로 증식시킬 수 없다는 어려움에 대해서는 이 수십 년 사이 계통적인 해명이 되지 못하고, 흙의 미생물 연구는 거의 답보상태에 가까운 상황이다.

흙뿐만 아니라 바다와 호수, 하천에 사는 미생물들의 해명에도 마찬가지로 답보가 인식된다. 여기에는 자연에 사는 미생물의 탐구 전체와도 관련되는 기본적 문제가 미해결 상태 그대로 잔존해 있다.

땅에 뿌리를 내리다

말은 쓰는 사람의 내면을 반영하고, 읽는 사람의 내면에 작용한다. 언어의 이 작용은 사람에 따라, 또 시대에 따라 변화한다.

"땅(또는 흙)에 뿌리를 내린다."는 말 또한 그러하다. 과거 착실한 생활방식과 관련하여 스스럼없이 사용되었던 이 말도 오늘에 이르러서는 현저하게 다른 문맥 속에서 사용되고 있다. '토착'이라는 말처럼 한편에서는 옛것에 대한 고집을, 다른 측면에서는 새로운 것에 대한 반발을 찬성과 반대 양면에서 표현하는 경우가 있다.

그러나 우리는 소박한 의미에서 미생물 탐구의 뿌리를 흙으로 정하고, 흙에 구애되어 생각해 왔다. 대지의 미생물들은 각각 어떠한 삶을 영위하고 있는 것일까? 우리는 묻고 탐구하고자 노력해 왔다.

지난 한 세기 반, 그것은 어쩌면 고독한 탐구이기도 했다. 매우 많은 과학자들이 생물 공통으로 볼 수 있는 생존 구조의 생화학적 연구에 집중해 왔다.

이들은 각 생물의 특징적인 현상에 관심을 두기보다는 생물 공통이라 생각되는 현상만을 연구했다. 미생물 중에서도 증식이 빠르고 균일한 재료를 이용할 수 있는 편리한 소수의 것이 가장 자주 이용되었다. 따라서 연구자는 누구도 많은 미생물이 자연의 어디에 살며 어떤 생활을 영위하고 있는지는 생각도 하지 못했다. 그런 것에 시간을 빼앗길 틈도 없이 오직 다음에서 그다음으로 생물 공통의 새로운 사실을 뒤쫓기에 바쁜 시대였다.

이와 같은 연구의 흐름에서 벗어나 대지에 사는 미생물을 탐구하려는 각자의 선택에 과연 어떠한 의의가 있는지 자문할 때도 있다. 그때마다 답은 정해져 있었다. 현대의 미생물학에서는 자연에 사는 미생물을 연구하기 위해 필요한 것이 무엇인지 아직 해결되지 못한 채로 있으니 이제부터 그것을 탐구해야 한다고.

제2장

미생물은
새로운 가축이다

발효와 부패

음식물에 곰팡이가 생긴다거나 음식물이 부패한다는 것은 모두 미생물이 관련되어 있음은 독자 여러분도 다들 잘 알고 있는 사실일 것이다.

음식물과 미생물 사이에는 어떠한 관계가 있는 것일까?

음식물과 미생물의 관계는 발효(fermentation)와 부패(putre-faction)라는 두 현상에서 볼 수 있다. 발효는 미생물의 작용을 이용하여 유용한 물질을 제조하는 프로세스이고, 부패는 식품이 미생물의 활동으로 분해, 변질되는 현상이다. 이 두 현상이 미생물의 작용이란 것을 실험으로 증명한 사람은 19세기 프랑스의 과학자 파스퇴르(Louis Pasteur ; 1822~1895)였다. 그는 효모가 알코올 발효하는 것과 포도주가 부패하여 신맛을 내는 것은 아세트산균의 번식이 원인임을 명백하게 밝혔다.

파스퇴르의 업적은 그때까지의 자연발생설에 종지부를 찍었을 뿐만 아니라 미생물의 작용을 처음으로 입증한 사실이다. 그 이후 미생물은 연구 재료로서는 물론, 발효 생산의 수단으로서 인류에 크게 기여하여 왔다. 미생물이 가축으로 참여하게 된 것도 이때부터였다고 할 수 있다.

1970년대에 들어서자, 획기적이라고도 할 수 있는 유전자 재조합 기술이 개발되어 미생물 가축의 고도 이용시대를 맞이하게 되었다.

동양에서는 옛날부터 미생물을 이용

인류가 음식물을 만들 때 미생물을 어떻게 이용하였는가를 보면 실로 매우 다양했다는 것을 알 수 있다.

우선 겨울철 김치를 담글 때면 푸짐하게 들어가는 젓갈류를 빼놓을 수 없다. 한여름 동안 삭힌 젓갈류는 미생물의 보고나 다름없다.

메주도 잘 띄우면 알맞게 곰팡이가 피어 진한 된장, 간장을 뽑을 수 있고 누룩으로는 농주(農酒)를 담가 애용하기도 했다. 일본 사람들은 옛날부터 미소, 장유, 쓰케모노, 낫토 같은 일상 식품에 미생물의 작용을 이용하여 왔다.

예를 들어 세균은 아세트산, 아미노산 제조에, 곰팡이는 시트르산, 양조식품, 효소 제조에, 그리고 효모는 알코올, 식빵, 핵산 제조에 각각 이용되어 왔다.

이것은 발효를 할 때의 스타터(starter)라고도 할 수 있다. 스타터란 어떤 반응의 계기가 되는 물질과 미생물을 말하는 것이다.

누룩곰팡이는 그 효소에 의해 거르지 않은 술의 발효과정에서 원료 속에 있는 녹말, 단백질을 분해하여 다시 효모와 세균의 작용이 조화를 이루어 우리에게 친숙한 향기와 풍미를 안겨 준다.

생산량 최다의 아미노산은 글루탐산

제2차 세계대전 후 새로운 발효기술이 많이 등장했다. 그중에서 음식물을 만드는 데 직접 관련이 있는 것은 아미노산 발효와 핵산 발효일 것이다.

아미노산은 생체의 단백질을 구성하는 물질로서, 현재 20종이 알려져 있다. 그중에서 글루탐산은 세계에서도 가장 생산량이 많은 아미노산으로, 일본에서는 조미료로 쓰이며 어느 가정에서나 발견할 수 있을 정도이다. '아지노모토'라는 것이 바로 그것이다.

1907년 일본의 화학자 이케다 기쿠나에(池田菊苗 ; 1864~1936)가 다시마의 성분이 글루탐산의 나트륨염인 것을 발견했다. 1909년에는 일본의 화학공업인 스즈키 사부로스케(鈴木三郎助)가 소맥 글루텐과 탈지 대두를 염산으로 가수분해하여 글루탐산을 얻어내고 '아지노모토'라는 이름으로 상품화했다.

1957년에 '교와효소공업'의 기노시타가 어떤 세균이 당과 암모늄에서 글루탐산을 만들어내는 것을 발견하여 아미노산을 발효법으로 제조하는 길을 열었다. 그 이후 각종 아미노산이 발효법으로 속속 제조되었다. 아미노산 발효에 대해서는 제4장에서 상세하게 다루겠다.

아미노산은 생체를 구성하는 단백질의 성분이 되는 것이므로 미생물은 필요최소량을 생성하면 된다. 그와 같은 구조를 가진 미생물에 어떤 특정한 아미노산만을 고농도로 축적시키는 것은 미생물의 입장에서 보면 이상한 현상이라 할 수 있다. 미생물에 이와 같은 이상한 대사반응을 일으키는 것이 가능하게 된 것은 연구의 발전으로 다음과 같은 기술이 개발되었기 때문이다.

첫째로 돌연변이에 의해서 미생물의 대사경로 일부에 변경을 야기하는 것, 둘째로 아미노산 대사경로의 제어시스템이 명확하게 되어 아미노산의 생합성을 컨트롤할 수 있게 된 것, 그리고 셋째로 아미노산을 합성하는 효소를 추출하여 반응에 사용하는 기법이 확립된 점이다. 미생물 연구의 성과에 바탕하여 미생물을 새로운 가축으로 한 좋은 예라 할 수 있다. 현재 글루탐산의 생성량은 배양액 1리터당 100그램에 이른다.

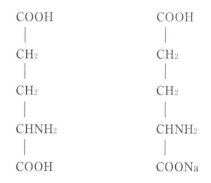

그림 2.1 글루탐산

왼쪽이 글루탐산, 오른쪽이 글루탐산의 나트륨염이다. 가장 아래에 COOH가 붙느냐 COONa가 붙느냐에 따라 따르다. 글루탐산은 세계에서 가장 생산량이 많은 아미노산이다. 글루탐산의 나트륨염은 다시마 맛의 성분이다.

고정화 미생물로 아스파라긴산을 만든다

아스파라긴산은 최근 수요가 크게 늘어나고 있는 아미노산이다. 아스파라긴산은 앞에서 설명한 제3의 방법, 즉 효소반응을 이용하여 만든다.

암모늄염 존재하에 푸마르산에 아스파르타아제라는 효소를 작용시키면 아스파라긴산을 생성한다. 원료가 되는 푸마르산은 대량으로, 게다가 값싸게 생산할 수 있다.

한편, 효소인 아스파르타아제는 효모, 대장균, 바실루스균, 그 외의 세균에 분포되어 있다. 효소는 미생물의 세포에서 추출하여 사용할 수도 있지만 공업적으로는 미생물 세포의 현탁액을 사용하는 방법, 혹은 최신 기술인 고정화 미생물을 사용하는 방법이 있다. 후자는 미생물을 물에 녹지 않는 담체로 사용하여 미생물이 내는 효소를 반응시키는 방법이다. 이에 의해서 효소를 재이용하고자 하는 것이다.

1973년, 일본에서 폴리아크릴아미드겔을 담체로 하여 대장균을 고정하고 L-아스파라긴산의 공업적인 연속 생산을 시작했다. 이것이 고정화 미생물 세포를 사용하여 물질 생산을 시작한 최초의 예가 되었다.

그 후인 1978년, 담체에 해조 성분의 다당류 카라기난을 사용하면 발효가 안정되게 반응하는 것을 알게 되어 생산성이 더욱 향상되었다.

아스파라긴산은 칼륨, 칼슘원으로서의 영양보급제, 피로회복 음료, 아미노산 수액 등의 약품에 폭넓게 사용되고 있다.

또 아스파라긴산은 최근에 이르러 수요가 급격하게 늘어나고 있다. 아미노산 감미료 아스파탐의 원료로 사용되기 때문이다.

아스파탐은 L-아스파라긴산과 L-페닐알라닌 메틸에스테르가 펩티드 결합한 백색 무취의 물질로서, 설탕의 200배에 이르는 감미를 가지고 있다. 그 때문에 사용량이 설탕보다 적게 필요하여 저칼로리 감미료인 셈이다. 현재 라이트 타입의 청량음료, 과자, 캔디, 탁상 조미료 등에 널리 사용되고 있다.

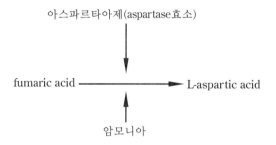

그림 2.2 아스파라긴산의 생성

암모늄염 존재하에 푸마르산에 아스파르타아제를 작용시켜 아스파라긴산을 만든다. 효소인 아스파르타아제는 효모, 대장균, 바실루스균 등의 미생물이 가지고 있다. 아스파라긴산은 영양보급제, 피로회복 음료, 아미노산 수액 등에 사용되고 있다.

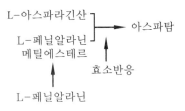

그림 2.3 아스파탐의 생성

아스파탐은 L-아스파라긴산과 L-페닐알라닌 메틸에스테르라는 두 아
미노산으로 효소반응을 이용하여 생성된다. 이 물질의 감미는 설탕의
200배이므로, 저칼로리 감미료로 사용된다. 라이트 타입의 청량음료,
과자, 탁상 조미료 등에 사용된다.

핵산 발효

글루탐산나트륨과 어깨를 나란히 하는 조미료는 가쓰오부시 성
분의 이노신산(inosininc acid)과 표고버섯의 맛있는 성분인 구아
닐산(guanylic acid)일 것이다. 둘 다 핵산 물질인 5′-뉴클레오티
드이다. 이 5′이라는 것은 뉴클레오티드의 당 안에서 인산이 결합
하여 있는 탄소원자의 위치를 이르는 것으로, 3′이나 5′ 등 숫자
에 프라임 기호를 붙여서 표시한다.

5′-이노신산과 5′-구아닐산이 새로운 조미료로서 처음으로 공
업생산된 것은 1967년이었다.

우선 아황산 펄프 폐액과 폐당밀로 효모를 배양하고 그 세포를
모아 효모의 RNA를 적출한다. 여기에 뉴클레아제 P_1이라는 효소
를 작용시킴으로써 5′-뉴클레오티드를 생산하였다.

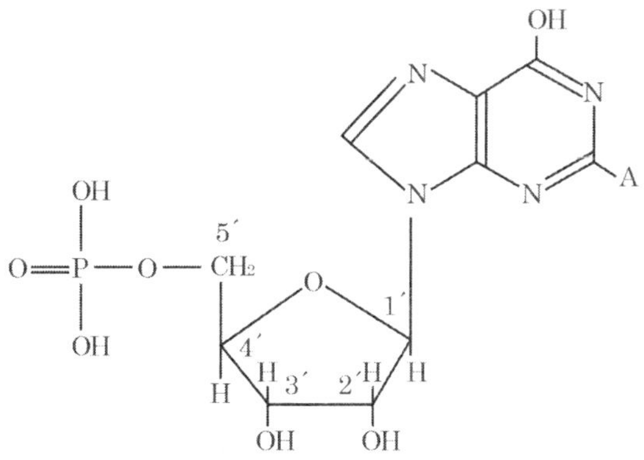

그림 2.4 5´-뉴클레오티드

당의 리보스의 5´위치에 인산이 결합되어 있다. 오른쪽의 A부분이 H
이면 5´-이노신산, NH₂이면 5´-구아닐산이 된다.

그 당시 핵산을 5´-뉴클레오티드에 분해할 수 있는 효소는 독
뱀이 가지고 있는 포스포디에스테라아제(phosphodiesterase)뿐
이었다. 일본 야마사 장유주식회사의 연구진은 이것과 같은 작
용을 하는 효소를 미생물 중에서 찾아내어 드디어 페니실륨속
(*Penicillium*) 곰팡이의 일종에서 뉴클레아제 P₁을 발현하였다. 현
재는 방선균 스트렙토미세스속(*Streptomyces*) 곰팡이의 일종에도
같은 작용을 갖는 효소가 발견되었으며, 이 두 효소는 5´-뉴클레
오티드 생산에 사용되고 있다.

맛은 5´-구아닐산이 5´-이노신산보다도 약 2배 정도 강한 것
으로 알려지고 있다. 글루탐산나트륨과 함께 사용하면 상승효과로
인하여 맛이 강하게 느껴지기 때문에 아미노산계 조미료와 핵산계

조미료를 혼합한 복합 조미료로 널리 사용되고 있다. 탁상 조미료 외에 농축 조미료로서 여러 가지 형태가 업소용, 가정용으로 판매되고 있다.

핵산을 효소로 분해하면 항상 맛이라고는 전혀 느낄 수 없는 뉴클레오티드가 따라서 생성되는 단점이 있다.

최근에 이르러 5′-이노신산과 5′-구아닐산을 발효법으로 직접 생산하는 방법이 개발되었다. 브레비박테륨속(Brevibacterium) 세균의 변이주를 사용하여 적당한 영양조건하에 배양하면 이들 뉴클레오티드를 직접 발효, 축적하게 된다. 이것을 핵산 발효법이라고 한다.

아밀라아제로 녹말을 먹기 쉽게

미생물을 식품 제조에 사용하는 또 하나의 방법은 그 효소를 활용하는 것이다.

미생물을 각각 적합한 조건에서 배양하여 효소를 만들고, 그것을 배지(culture medium) 또는 세포 안에 축적한다. 효소는 단백질로 구성되어 있다. 유기 촉매로 작용하여 100℃ 이하의 은근한 조건하에 여러 가지 반응을 신속하게 진행시켜 주는 장점이 있다.

가수분해효소인 아밀라아제(amylase)와 프로테아제(protease)는 각각 녹말(starch)과 단백질 등의 고분자 물질에 작용하여 그것들을 구성하는 성분인 저분자 물질로 분해한다. 식품공업 분야에서도 이 작용을 식품 제조에 유용하게 이용하고 있다.

아밀라아제는 녹말과 덱스트린(dextrin)의 α-1·4 결합과 α-1·6 결합에 작용하여 글루코오스(포도당), 덱스트린, 물엿 등을 생성하는 효소이다. 이것은 일본에서 사용량이 가장 많은 효소 중 하나이다.

녹말은 식물체를 구성하는 성분으로 광범위하게 분포되어 있으며, 인류에게 있어서 최대의 식량으로 중요한 위치를 차지하고 있다. 식물은 탄산가스와 태양에너지로부터 녹말을 광합성하므로 재생산성이 높은 자원이라 할 수 있다.

세계 최초로 미생물 효소를 상품화한 사람은 일본의 응용화학자인 다카미네 조키치(高峯讓吉 : 1854~1922) 박사이다. 다카미네는 누룩곰팡이를 고체 배양하여 효소제인 다카디아스타아제를 생산했다. 다카디아스타아제에 관해서는 뒤에서 다시 상세하게 설명하겠다. 다카디아스타아제는 후에 여러 가지 효소의 혼합물인 것을 알게 되었지만 그 주요한 성분은 아밀라아제이고, 현재까지도 생산이 계속되고 있다.

아밀라아제는 녹말에 대한 작용방식에 따라 여러 가지 형으로 나눌 수 있다.

α아밀라아제는 녹말과 글리코겐의 α-1·4 결합을 임의의 부분으로 분해하여 저분자의 덱스트린을 만든다. 이 때문에 녹말 수용액은 점성(끈적거림)이 없어진다. β아밀라아제는 녹말과 글리코겐의 α-1·4 결합을 비환원성 말단부에서 분해하여 β형 말토오스 (maltose ; 맥아당)를 생성한다.

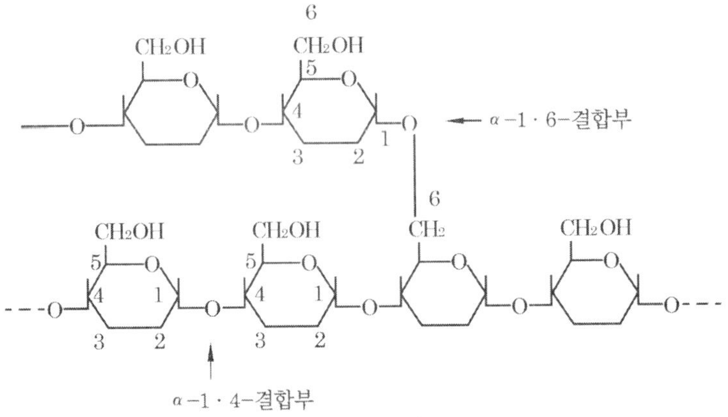

그림 2.5 녹말의 화학 결합

α-1·6 결합이라든가 α-1·4 결합이라는 것은 녹말을 구성하는 글루코 오스의 결합방식에 따른 것으로, 가령 α-1·6 결합에서는 글루코오스 의 1과 6의 탄소(C)가 결합한다. α-1·4 결합은 글루코오스의 1과 4의 탄소가 결합한다.

α아밀라아제와 β아밀라아제는 모두 녹말의 α-1·6 결합에는 작용 하지 않는다. 따라서 두 효소 모두 녹말을 완전 분해하지는 못한다. 참고로, α-1·4 결합이라든가 α-1·6 결합이라는 것은 녹말을 구성 하는 당의 결합 방식을 말하는 것이다.

아밀로글루코시다아제(γ아밀라아제)는 녹말과 글리코겐의 α -1·4 결합을 비환원성 말단부에서 순번으로 분해하여 글루코오 스를 생성한다.

α아밀라아제나 β아밀라아제와 달리 α-1·6 결합과 α-1·3 결합

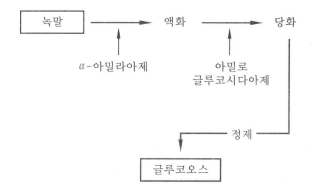

그림 2.6 녹말에서 글루코오스가 만들어지기까지

녹말을 α아밀라아제로 분해하여 액화한다. 그것을 아밀로글루코시다
아제로 당으로 바꾸어 정제공정을 거쳐 글루코오스를 얻는다. 이 제
조방법은 미생물의 효소를 이용할 수 있게 됨으로써 가능하게 되었다.
주지하는 바와 같이 글루코오스(포도당)는 여러 가지 식품 제조에 이
용되고 있다.

에도 작용하므로 녹말의 분해율은 높아진다.

　이처럼 3종의 아밀라아제는 작용양식이 다르므로 병용하게 되
면 녹말의 분해율을 높일 수 있다. 이들의 주요 용도는 녹말 이용
공업이다. 녹말에서 글루코오스, 말토오스, 덱스트린 등을 제조한
다. 예를 들어 글루코오스의 제조공정은 그림 2.6과 같다.

　녹말을 액화하는 데 사용하는 α아밀라아제는 바실루스 세균이
생산하는 내열성이 강한 효소를 사용한다. 고구마나 감자의 녹말
은 30~40%의 슬러리(slurry : 녹말유)로 하여 약 90℃에서 효소를
작용시키기 때문이다.

현재는 녹말의 원료로 주로 옥수수를 사용하고 있다. 옥수수의 녹말은 고구마나 감자의 녹말보다 액화하기 어렵기 때문에 100℃ 부근의 고온에서 효소를 사용하여 액화시키기도 한다. 이 고온 액화는 1970년 이후 내열성이 뛰어난 α아밀라아제가 발견되었기 때문에 가능해졌다. 이어서 액화 녹말에 아밀로글루코시다아제(amyloglucosidase)를 작용시켜 글루코오스까지 분해한다. 이것을 당화(糖化)라고 한다. 여기에도 새로운 방법이 이용되고 있다.

이성질화 당을 만든다

지금까지는 액화가 끝난 뒤에 α아밀라아제의 작용을 정지하기 위해 가열하거나 pH를 낮췄지만 최근에는 α아밀라아제가 작용하고 있는 상태에서 당화하는 방법이 이용되고 있다. 그러는 편이 당화도가 상승하는 것으로 알려졌기 때문이다. 당화반응은 pH 4.0~4.5로 60℃ 조건에서 이루어진다.

아밀로글루코시다아제는 이름 그대로 누룩곰팡이인 아밀로균이 생산하는 효소이고, 글루코오스의 수량은 95%이다. 최신 기술을 활용하여도 수율 100%에 이르지 못하는 것은 그 나름의 이유가 있다.

그것은 효소가 갖는 역합성작용과 당 전이작용으로 글루코오스끼리 결합하여 이소말토오스와 파노오스 등의 올리고당이 부생하거나 녹말 분자 중에 분해가 어려운 구조가 근소하게나마 존재하기 때문이다.

방대한 양의 녹말을 취급하는 녹말당화공업에서는 수율을 단

1%라도 향상시킬 수 있다면 그 영향이 크다 하지 않을 수 없다.

그 때문에 여러 가지로 연구가 진행되어 왔으며 풀루라나아제의 이용도 그중 하나이다.

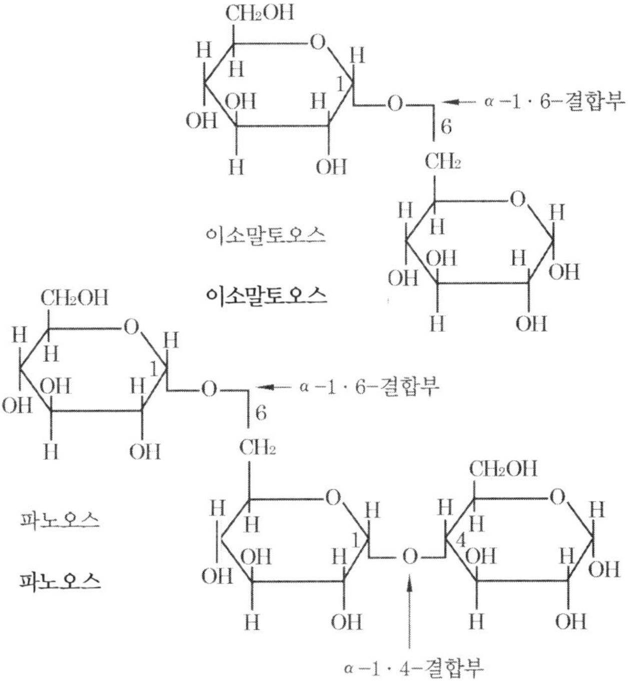

그림 2.7 이소말토오스와 파노오스

어느 쪽도 녹말 당화과정에서 효소의 부합성작용과 당 전이작용에 의한 글루코오스끼리의 결합으로 생성된다. 풀루라나아제(pullulanase)라는 효소는 그림의 $\alpha-1 \cdot 6$ 결합을 분해한다.

풀루라나아제는 녹말과 역합성된 당의 이소말토오스의 $\alpha-1 \cdot 6$ 결합을 분해하는 효소이다. 당화과정에서 이 풀루라나아제를 병용함으로써 글루코오스의 수율은 2% 상승하여 97% 전후까지 높일 수 있었다.

녹말을 이용한 글루코오스 생산은 1900년대 초반 산당화법(酸糖化法)으로 시작되어 1950년대 전반까지 이어졌다. 제2차 세계대전 이후 한때 고구마 녹말의 생산량이 급증하여 글루코오스 생산이 장려된 적도 있었다. 1959년 처음으로 효소당화법이 개발되어 녹말공업에 큰 전환을 초래했다. 그 후에도 여러 가지 균종에서 성능이 우수한 효소가 발견되어 효소당화법이 정착되었다. 글루코오스의 수율도 거의 한계까지 이르렀다. 일본에서는 효소당화법을 이용해 1년간 140만 톤의 녹말을 글루코오스로 변환하고 있다고 한다.

글루코오스와 덱스트린은 식품공업, 의약품공업, 발효공업, 유기화학공업 등 광범위한 분야에서 사용되고 있다.

글루코오스의 가장 큰 용도 중 하나는 이성질화 당의 생산이다. 글루코오스는 글루코오스 이소메라아제(glucose isomerase)의 작용에 의해서 프룩토오스(fructose : 과당)가 된다. 프룩토오스는 글루코오스보다 약 2배의 단맛을 가지며 감미제로 광범위하게 사용되고 있다.

1964년에 강력한 글루코오스 이소메라아제를 생산하는 방선균이 발견되고, 이 효소를 사용하여 1965년에 이성질화 당의 공업적 생산이 시작되었다.

글루코오스의 농도가 50%인 용액에 효소를 가해 pH 8.0, 60℃에서 반응시키면 72시간만에 글루코오스의 약 절반이 이성화하여 프룩토오스가 된다.

반응 생성물은 글루코오스 50%, 프룩토오스 48%, 올리고당 2%의 혼합물이 된다. 이 이성질화 당은 둥그스름한 모양으로, 순한 단맛을 가져 청량음료, 제과, 제빵 등 식품공업에서 많이 사용하고 있다. 이성질화 당 생산량 1위는 미국이다.

이 밖에도 아밀라아제는 녹말에 대하여 특이적인 작용을 하는 것을 이용하여 직물의 풀빼기와 양조공업에서의 당화 등 여러 분야에서 사용되고 있다.

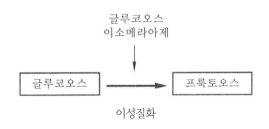

그림 2.8 이성질화 당의 생성

글루코오스를 글루코오스 이소메라아제의 효소작용을 이용하여 이성질화시켜 프룩토오스를 얻는다. 글루코오스 이소메라아제는 방사균에서 추출된다. 이성질화 당은 청량음료, 제과, 제빵 등에 사용된다.

우유에 작용하는 프로테아제

우유를 비롯한 동물의 젖은 인류의 중요한 단백질 원료인 동시에 여러 가지 종류의 유제품 원료로도 사용된다.

우유를 가공할 때 사용하는 효소성제 중 하나는 프로테아제(protease)이 다. 프로테아제도 아밀라아제에 이어 일본에서는 생산량이 많은 효소이다.

기존에 사용되어 왔던 프로테아제는 파파인처럼 식물에서 취한 것이나 펩신(pepsin), 트립신(trypsin)처럼 동물에서 취한 효소가 위주였다. 하지만 1952년에 미생물 프로테아제가 결정화된 이래 효모를 제외한 세균, 방선균, 곰팡이 등 실로 많은 미생물에서 프로테아제가 생산되고 있다.

프로테아제는 작용 pH의 차이에 따라 산성 프로테아제, 중성 프로테아제 및 알칼리 프로테아제의 3종으로 분류된다. 또 효소의 활성 중심의 구조에 따라 세린 프로테아제, 금속 프로테아제 및 산성 프로테아제로 나누기도 한다.

세린 프로테아제는 활성 중심에 세린 잔기가 있으며, 세린과 특이적으로 결합하는 시약이 존재하면 활성에 저해를 받는다. 바실루스균의 프로테아제가 이에 속한다. 금속 프로테아제는 활성 발현에 금속이온, 주로 아연이 필수적이다. 바실루스균과 곰팡이 등에 분포되어 있으며, 그 대부분은 중성 프로테아제이다. 산성 프로테아제는 pH 3~5에서 활성이 최대를 나타낸다. 이것은 누룩곰팡이와 털곰팡이 등에 분포되어 있다.

털(毛)곰팡이에서 치즈를 굳히는 효소

뮤코푸실루스(*Mucor pusillus*)와 뮤코미에헤이(*Mucor miehei*)라는 2종의 털곰팡이가 생산하는 프로테아제는 우유에서 치즈를 제조하는 레닛(rennet : 송아지 제4위의 내막에 존재하는 응유효소)으로 이용 가능한 것을 알게 되었다.

치즈를 제조하려면 살균한 우유에 유산균을 포함한 스타터를 가하고 산이 만들어지면 레닛을 가하여 응고시켜 모양을 만든다.

레닛은 새끼소의 제4위에서 분비되는 효소로, pH가 중성인 조건에서 우유의 단백질을 분해하지 않고 신속하게 응고시키는 작용을 한다. 치즈 제조에 없어서는 안 되는 효소이지만 증가일로에 있는 세계 치즈 수요에 레닛의 생산이 따라가지 못하는 상태에 있다.

그리하여 레닛을 대신할 미생물 효소를 찾기 시작했다. 1950년대 후반에 뮤코푸실루스가 생산하는 산성 프로테아제가 치즈 제조에 적합하다는 것을 알게 되었다. 그로부터 3년 후 덴마크에서 뮤코미에헤이도 마찬가지로 효소를 생산하는 것을 발견했다. 두 효소 모두 카세인에 대한 최적 작용 pH는 4.5이다.

치즈 제조에 적합한 효소의 조건은 우유를 굳히는 작용이 강하고 단백질의 분해작용이 약해야 한다. 즉 양쪽 작용의 비율을 따졌을 때 그 값이 큰 효소일수록 좋은 것이 된다. 레닛을 100으로 하였을 때 두 효소는 60 정도의 수치가 된다. 대부분의 치즈 제조에 사용할 수 있으므로 현재는 미생물 레닛이라 이름 붙이고 세계 곳곳에서 사용하게 되었다.

프로테아제는 단백질에 작용하므로 이 효소는 소고기나 기타 육제품을 연하게 하는 데 이용되고 있다. 예를 들어 소고기를 된장에 절이면 탈수되어 육질이 굳어진다. 프로테아제를 사용하면 이것을 막을 수 있다. 열대지방에서는 육류 요리에 생 파인애플을 첨가하거나 고기를 파파야 잎에 싸서 보존하기도 하는데, 이는 모두 고기를 부드럽게 하기 위해 프로테아제의 작용을 이용하고 있는 것이다.

우유를 효소로 마시기 쉽게

최근 몇 해 사이, 우유 가공에 단백질 분해효소와는 다른 효소가 다른 목적으로 사용되는 경향이 있다. 그것은 우유 성분인 락토오스(lactose ; 유당)를 가수분해하는 β갈락토시다아제(β-galactosidase)이다. 락토오스는 갈락토오스와 글루코오스가 이어진 2당류이다. 이 효소가 락토오스에 작용하여 이것을 글루코오스와 갈락토오스로 분해한다.

우유는 단백질, 지방, 칼슘 등을 포함한 영양가 높은 식품이지만 우유를 마시면 배탈이 나 복통 혹은 설사를 하는 경우까지 있다. 이와 같은 증상을 유당불내증(乳糖不耐症)이라 한다.

이것은 소장(小腸)의 β갈락토시다아제 활성이 약하거나 또는 이 효소가 결핍되어 있기 때문에 우유 속의 락토오스가 분해되지 못하고 소화되지 못한 채 배 속에 고여 있기 때문에 일어나는 것으로 알려져 있다. 이 증상은 특히 성인에서 많이 발견되며, 특히 일

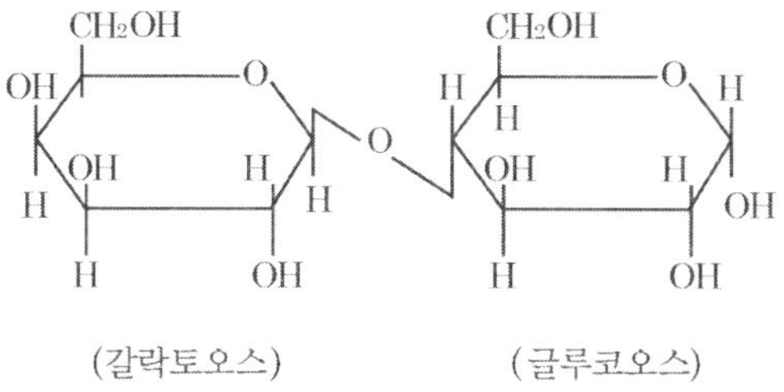

(갈락토오스)   (글루코오스)

그림 2.9 락토오스

우유에 포함되는 락토오스를 잘 분해하지 못하는 유당불내성인 사람
도 있다. β갈락토시다아제라는 효소로 미리 우유 속의 갈락토오스와
글루코오스를 분해하여 소화시키면 유당불내증인 사람도 안심하고 우
유를 마실 수 있다.

본 사람의 경우는 성인 10명 중 2명꼴로 발견된다고 한다.

그래서 이 효소를 사용하여 우유 중의 락토오스를 처음부터 분
해하여 두면 유당불내증인 사람도 마실 수 있게 된다. 이 우유는
락토오스가 효소에 의해서 애초에 소화가 다 된 상태로 되어 있고,
또한 분해생성물인 글루코오스를 포함하기 때문에 감미도 있어 마
시기 좋다.

β갈락토시다아제는 대장균, 바실루스균, 유산균, 곰팡이 등이
생산한다. 현재는 미생물 세포를 불용성 담체(擔體)에 고정한 고정
화 미생물을 사용하여 연속 처리하는 방법을 쓰고 있다.

이 효소는 그 밖의 유제품 가공에도 유용하게 쓰이고 있다.

우유나 탈지유로 아이스크림이나 소프트 크림을 제조할 때 저온 때문에 락토오스가 결정화되어 그것을 먹었을 때 혀에 거칠게 스치게 되는 경우가 있다. 이것은 샌드(모래)라고 불리며, 먹었을 때 혀의 촉감이 좋지 않아 상품 가치에도 손상을 준다. 이것을 막기 위해서는 효소 처리하여 원료 우유의 락토오스를 분해하면 된다.

치즈를 제조할 때 락토오스가 풍부한 유장(乳漿, whey)이 대량으로 얻어지는데, 이에 효소를 작용시키면 글루코오스와 갈락토오스가 풍부한 시럽이 얻어진다. 이 시럽은 아이스크림, 요구르트 등에 사용된다.

효소는 특정한 물질에만 작용하거나 혹은 특정한 생화학 반응만을 촉매하므로 우유처럼 성분이 혼합된 계(系) 중 어느 한쪽 표적물질만을 분해하는 것이 가능하다.

미생물은 쉽게 대량으로 증식시킬 수 있으므로 효소의 유력한 공급원이 되고 있다. 실용화된 많은 효소가 미생물로부터 생산될 것임은 따로 설명이 필요 없을 정도이다.

효모는 가축화의 제1호

인류가 알코올을 입에 대기 시작한 것은 언제부터였을까?

기원전 4000~5000년 무렵의 이집트에서는 대맥이나 소맥을 원료로 하여 자연계에서 섭취한 효모의 작용으로 맥주를 제조했었다는 사실이 당시의 부조(relief ; 벽에 입체적으로 형상을 조각하는 조형기법)에 새겨져 있다. 또 구약성서의 창세기에는 포도주를 마신 사실이 기록되어 있다.

인류는 미생물의 존재를 알기 이전부터 효모의 발효작용을 이용하여 알코올음료를 제조했다. 효모는 파스퇴르의 연구부터 오늘날까지 알코올 발효의 주력 미생물이었다. 효모는 세계 각국에서 지역 특유의 알코올음료 양조에 사용되어 왔다. 서양에서는 맥주, 와인, 위스키 등을, 동양에서는 막걸리, 청주, 소주, 고량주 등 여러 종류의 술을 제조해 왔다.

이것만 보아도 알코올음료의 원료가 동양과 서양에서는 많이 다른 것을 알 수 있다. 효모만 하여도 맥주효모, 위스키효모, 와인효모, 청주효모, 고량주효모 등 각종 술에 적합한 효모가 존재한다. 그것은 우리의 선조가 선택을 반복하여 우량균을 육성한 결과이다.

일본에서는 청주가 가장 대중적인 술에 속하는데 청주의 효모는 청주의 맛과 향기, 색깔에 직접 영향을 미치므로 우량균은 양조업자가 각자 소중하게 보관하고 있다고 한다. 알코올 발효의 역사를 되돌아보면 효모야말로 미생물 가축의 제1호라 하여도 좋을 것이다.

알코올의 용도는 주류, 식초의 제조, 방부용 등의 식품 분야, 소독, 의료 분야, 화장품, 도료, 향료, 액체세제 등의 공업 분야 등 광범위한 분야에 걸쳐 있다.

또한 석유파동 이후로 중요한 액체연료 자원이라는 인식도 강화되었다. 미국과 브라질에서는 국가 프로젝트로서 발효 알코올 증산을 장려하여 자동차용 연료로 이용하고 있다.

알코올을 만든다

알코올 제조는 기본적으로 다음과 같다.

원료의 전처리 → 당화 → 발효 → 증류

최근에는 알코올의 생산성 향상을 위해 제조공정에 많은 연구와 새로운 기술이 도입되었다. 알기 쉽게, 새로 개발된 기술 몇 가지를 소개하겠다.

쌀이나 옥수수 등 곡류로 알코올을 제조하려면 이들 원료를 고온으로 쪄서 전처리를 한다. 고온으로 찜으로써 원료인 녹말의 액화를 촉진하고 당화효소의 활동을 높여 알코올 수율을 높이는 효과가 있다. 그 반면, 고온·고압에 견디는 설비와 다량의 에너지가 필요하다는 단점도 있다.

그래서 제조공정의 간략화와 에너지 절약에 관한 연구가 진행되어 드디어 찌지 않아도 되는 알코올 발효법이 개발되었다. 찌지 않는 발효법을 가능하게 한 열쇠는 생녹말을 당화하는 효소를 발견한 것과 가열, 살균하지 않아도 잡균 오염을 막을 수 있는 발효관리법을 개발한 데서 비롯되었다.

녹말의 당화 분해율이 낮거나 발효 중에 잡균 오염의 영향이 나타나면 발효에 바로 영향이 미친다. 곰팡이나 세균의 당화 효소가 생녹말에 작용하는 것을 발견하거나 효모 균수를 발효 초기단계에서 높게 유지하면 좋다는 것을 알게 되었고, 목적을 달성할 수 있었다.

생녹말로 알코올을 만들 수 있게 되면 당연히 생쌀로 청주를 만드는 것도 가능하게 된다. 시험양조의 결과는 이제까지의 청주에 떨어지지 않는 훌륭한 청주가 만들어진다는 것이 증명되었다.

알코올 발효에는 녹말질 외에 여러 가지 당질도 좋은 원료가 된다. 그중에서도 당밀은 값싼 당질원료로 중요하다. 당밀을 사용할 때는 당화공정이 필요하지 않으므로 곧바로 발효공정으로 들어갈 수 있다. 이 발효공정에도 새로운 기술이 개발되었다.

그것은 효모세포를 카라기난(carrageenan)이나 알긴산(alginic acid) 등 천연 당밀류의 비드(bead)와 플레이트(plate) 속에 포괄 고정하여 발효조에 충전하는 것으로, 그 발효조에 당밀을 연속하여 가하며 완성된 알코올을 연속적으로 추출하는 방법이다. 이것이 고정화 미생물에 의한 바이오리액터(biochemical reactor)이다.

지금까지의 발효법과는 달리 효모를 한 번만 쓰고 버리는 것이 아니라 장기간에 걸쳐 그 능력을 유지시켜 알코올의 생산을 계속할 수 있다. 이 방법은 알코올 발효의 효율화, 합리화에 크게 공헌했다.

새로운 알코올 생산균

알코올의 발효는 오랜 기간 효모의 전매특허였으나 최근 새로운 미생물이 등장했다. 그것은 1947년 무렵 멕시코의 토속주에서 발견된 세균이다.

이 자이모모나스 모빌리스(*Zymomonas mobilis*)라는 세균은 효모와 마찬가지로 알코올 발효한다. 에탄올을 만드는 대사형식은 효모와 다르지만 당에서는 거의 같은 정도의 비율로 에탄올을 생산한다. 같은 양의 세균과 효모의 세포를 비교하면 세균 쪽이 오히려 에탄올을 생산하는 속도와 원료에서의 에탄올 수율이 높은 것을 알았다. 이것이 매우 유리한 점이다.

그 반면 농도가 짙은 당을 원료로 사용하면 에탄올의 수율은 효모에 비해 떨어지게 되었다. 이 새로운 알코올 생산균에 대하여 현재 발효성능 개량이 활발하게 연구되고 있다.

효모가 발견되고 나서 175년(2015년 현재) 정도 경과한 데 비하여 이 세균은 분리되고 나서 105년밖에 지나지 않았다. 실용화를 위하여 이 세균에 대한 기대는 더욱 더 커지고 있다.

알코올 발효의 장래 일대 목표는 지구상 최대의 유기물 자원인 셀룰로오스에서 알코올을 제조하는 것이다. 만약 이것이 공업화된다면 에너지 공급에 절대적 공헌을 하게 될 것이다. 그것은 식물체 조직을 구성하고 있는 완강한 셀룰로오스를 어떻게 효율적으로 당화하느냐에 달려 있다.

셀룰로오스에서 알코올을 제조해낸다는 생각은 새로운 아이디어가 아니라 옛날부터 있어 왔다. 이미 많은 연구자가 이에 매달려 많은 유망한 균과 효소를 발견하기도 했다. 목표를 향하여 착실하게 접근해 가는 것은 확실하다.

약을 만드는 균

약을 만드는 균이라 하면 무엇보다 먼저 머리에 떠오르는 것은 너무나 유명한 푸른곰팡이(blue mold)와 페니실린(penicillin)에 관한 이야기일 것이다.

미생물 질환 치료에 유효한 본격적인 항생물질의 제1호로 인간이 손에 넣은 페니실린은 1929년 영국의 미생물학자 플레밍(Alexander Fleming ; 1881~1955)의 날카로운 통찰력의 결과로 탄생했다. 푸른곰팡이가 페니실륨속 곰팡이이므로 페니실린이라는 이름이 붙었다.

페니실린은 원래 화학적으로 불안정한 물질이었기 때문에 분리나 정제(精製)가 매우 어려웠지만 1947년 옥스퍼드대학교의 플로리(Howard Walter Florey ; 1898~1968)와 체인(Ernst Boris Chain ; 1906~1979)에 의해서 최초로 정제에 성공하였고, 임상시험을 통해 세균 감염증에 극적으로 효과를 발휘하는 것을 알게 되었다.

처음에는 푸른곰팡이의 배양액 1리터에서 수 밀리그램의 페니실린밖에 얻지 못했지만 그 후에 방사선과 화학물질을 사용하여 인공 돌연변이를 반복하여 일으키게 함으로써 생산량이 대폭 늘어나 공업 생산이 가능하게 되었다. 이것은 후에 미생물 개량의 본보기가 되었다. 페니실린에 관해서는 제5장에서 다시 자세하게 다룰 것이다.

페니실린은 연쇄상구균, 포도상구균, 폐렴구균 등 그람양성균이 원인이 되는 감염증에 잘 듣는다. 그람양성균이란 그람염색법이라는 세균 분류법에 의해 나누어진 균을 말하는 것이다. 그람양성균은 일반적으로 세포 밖으로 독소를 분비한다.

페니실린은 이러한 병원균이 세포벽에 골격을 조립하는 것을 저해한다. 그 때문에 세균은 생육할 수 없어 사멸하게 된다.

1945년에는 미국의 왁스먼(Selman Abraham Waksman; 1888~1973)이 토양 미생물의 하나인 스트렙토미세스속 방사균에서 스트렙토마이신(streptomycin)을 발견했다. 스트렙토마이신은 결핵균인 항산균에 현저한 효력을 나타내므로 그 치료에 사용되어 효과를 발휘했다.

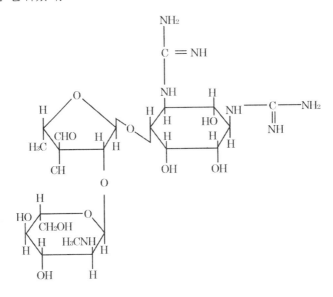

그림 2.10   스트렙토마이신

스트렙토마이신은 그람양성균, 그람음성균, 항산균 등에 효과가 있다. 결핵성 질환 외에 백일해, 패혈증, 장 감염증, 요로 감염증, 세균성 설사 등에도 사용된다.

또 페니실린과 스트렙토마이신이 계기가 되어 세계적으로 새로운 항생물질 탐색이 시작되었다. 의료는 이제 항생물질 시대로 접어들었다. 많은 감염증이 항생물질 덕택에 치유되어 세계 각국의 평균 수명을 늘리는 데 기여했다.

항생물질 사용이 늘어나자 동시에 우려할 만한 문제도 생겨났다. 항생물질에 내성(저항성)을 갖는 균의 출현이 문제였다. 페니실린을 처음 사용했을 무렵에는 포도상구균에 매우 잘 들었으나 현

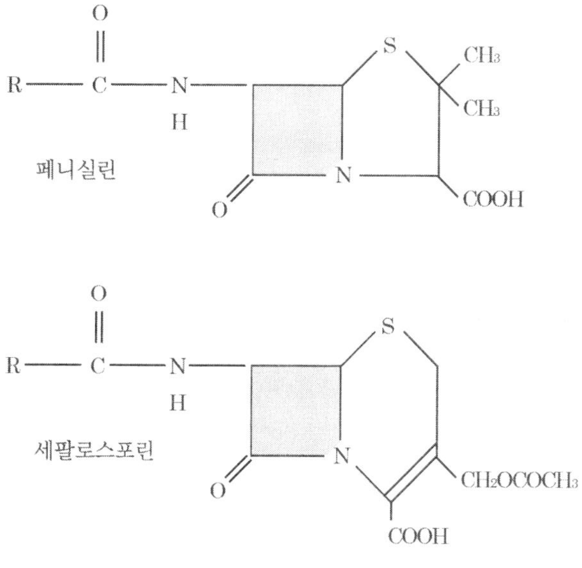

그림 2.11 페니실린과 세팔로스포린

페니실린 아실라아제라는 효소는 회색 사각형 부분의 β−락탐구조에는 작용하지 않고 곁사슬인 아실기(R·CO) 부분을 제거한다. 거기에 새로운 다른 곁사슬을 연결함으로써 효력이 강한 항생물질을 만들 수 있다.

재는 페니실린 내성을 획득하여 좀처럼 효력을 발휘하지 못한다. 복수의 항생물질에 내성을 나타내는 균도 발견했다. 이와 같은 사태에 대처하기 위해 항생물질의 분자구조 개변이 추진되었다.

그람양성균에만 유효했던 예전의 페니실린을 중심으로 하는 항생물질을 제1세대라고 한다면, 효력 범위가 그람음성균까지 확대된 세팔로스포린(cephalosporin)을 중심으로 하는 항생물질을 제2세대라고 한다. 현재는 제3세대의 항생물질을 사용하고 있다. 그것은 세팔로스포린의 분자 구조에 개량을 가한 것으로, 그람음성균에 대한 효과가 한 단계 더 강화되었다.

고령에 이르렀거나 암 등으로 체력이 약해지면 폐렴이나 패혈증 등을 야기하는 세균과 이제까지의 감염증과는 다른 유형의 그람음성균에도 발군(拔群)의 효력을 나타낸다. 또 제1세대나 제2세대의 어떤 약에도 듣지 않던 세라티아(Serratia)균과 병원내 감염균인 녹농균에도 효력이 있다. 내성균의 출현은 이처럼 항생물질의 세대교체를 촉진시켰다.

항생물질의 세대교체, 즉 신약 개발에 있어서 위력을 발휘한 것이 새로운 미생물 효소인 페니실린 아실라아제이다. 이 효소는 1950년에 푸른곰팡이에서 발견되었다. 페니실린과 세팔로스포린에 작용시키면 그들의 모핵(母核)인 β-락탐구조에는 작용하지 않고 겉사슬인 아실기를 제거해 준다. 얻어진 모핵에 새로운 겉사슬을 결합시킴으로써 항균력이 강한 항생물질을 생산할 수 있게 되었다.

이 효소는 푸른곰팡이 이외의 곰팡이나 세균에서도 발견되어 효소를 생산하는 대장균은 그대로 물에 녹지 않는 담체에 포괄 고정한 고정화 미생물을 이용하는 방법으로 반응의 연속화가 고려되었다.

충치를 막는다

오늘날 같은 문명사회에서 가장 많은 질병을 들라면 아마도 충치가 아닐까 생각된다.

충치는 입 속에 살고 있는 충치균(스트렙토코쿠스 무탄스 ; *Streptococcus mutans*)이 음식물에 포함되는 자당(설탕, cane sugar)에서 글루칸(glucan)을 생성하는 데서 발단한다.

글루칸은 글루코오스(glucose)로 되는 다당류의 하나로, 물에 녹지 않고 점착성이 있기 때문에 식물의 가스에 포함되어 치아 표면에 부착한다. 이것이 바로 치석이다. 치석은 충치균이 머무는 곳이 된다. 충치균은 음식물의 성분을 분해하여 유산 등의 산을 만들어내고 조금씩 치아의 조직을 용해하여 충치를 만든다. 글루칸은 충치균이 내는 덱스트란수크라아제(dextran sucrase)라는 효소의 작용으로 음식물 속의 자당에서 만들어진다.

이처럼 충치의 병원인이 해명되자 그것을 예방하는 방책도 강구할 수 있게 되었다. 여기에도 물론 미생물이 큰 역할을 한다.

첫 번째 방법은 만들어진 치석을 분해하여 물에 녹도록 하는 것이다. 그러려면 치석 속의 글루칸을 가수분해하는 효소 덱스트라나아제(dextranase)를 사용한다. 이 효소는 곰팡이, 방선균, 세균 등에서 발견된다. 그중에서 pH 안정성이 높고 글루칸 분해력이 강한 효소를 생산하는 한 가지 곰팡이를 선정하여 덱스트라나아제 생산에 사용한다.

일본에서는 초등학생을 대상으로 1년간 임상실험을 하여 넥스트라나아제를 불소와 함께 치약에 가하면 충치를 억제할 수 있다는 것을 입증하였다.

두 번째 방법은 덱스트란수크라아제의 작용을 방해하여 글루칸이 만들어지는 것을 막는 것이다.

최근 이 효소의 저해물질이 녹색균의 하나인 누룩·메주의 동료에서 발견되었다. 그것은 단백질에 당이 결합한 분자량 약 200만의 물질이다. 이 물질은 뮤타스테인(mutastein)이라 명명되었다. 쥐를 대상으로 한 실험에서 사료에 0.4%를 가한 그룹은 전혀 가하지 않은 그룹에 비해 충치가 절반 이하로 감소했다.

그 성분은 식품과 마찬가지로 단백질과 당이므로 안전성에는 문제가 없어 시판하는 껌에 사용하는 나라도 있다. 아마도 가까운 장래에는 엿, 초콜릿, 아이스크림 등 충치의 원인이 되는 음식물에도 사용될지 모른다.

뮤타스테인 외에도 방사선균에서 효소활성 저해작용을 갖는 다른 물질이 발견되어 안전 테스트가 진행되고 있다.

세 번째 방법은 충치균이 선호하는 자당 대신에 글루칸의 원료가 되지 않는 감미료를 사용하는 것이다. 그래서 팔라티노오스 (palatinose)라는 새로운 감미료가 개발되었다.

팔라티노오스는 자당과 마찬가지로 글루코오스와 프룩토오스로 되는 당인데 결합방식이 자당의 α-1·2 결합에 대하여 α-1·6 결합이라는 점이 다르다. 1957년경에 이미 독일에서 발견되었지만 제조법이 없었다.

충치균은 팔라티노오스에서 글루칸을 만들 수 없으므로 치석이 형성되는 것을 막는다. 이 당의 감미도는 자당의 42% 정도이지만 장 안에서 자당과 마찬가지로 소화, 흡수된다.

자당을 팔라티노오스로 변환하는 작용을 갖는 효소와 그 생산균(세균)이 발견됨으로써 공업 생산이 가능하게 되었다. 고정화 세균은 사용하는 연속반응법에 의해서 대량 생산이 가능하여 이미 자당 대신 껌과 캔디 등에 사용되고 있으며, 또 이 당의 새로운 용도도 계속해서 연구되고 있다.

미생물이 생산하는 효소와 저해제가 우리의 가장 큰 관심사인 건강에 기여하는 것을 알 수 있다. 미생물의 역할을 어떻게 유효하게 이용할 것인가는 연구자들의 영구 과제이기도 하다.

효소의 사용도

옛날부터 알려져 있는 효소인 아밀라아제(amylase), 프로테아제(protease) 및 리파아제(lipase)는 각각 식물 성분의 당분, 단백질 및 지방에 작용하므로 복합 소화제로 사용되어 왔다.

1950년 이후 미생물 효소를 의료에 응용하려는 시도가 활발하게 연구되어 프로테아제는 소염 작용과 농(膿)·객담 등의 배설 작용이 있는 것을 알게 되었고, 이를 여러 종류의 치료약으로 사용하고 있다.

아스파라기나아제(asparaginase)는 아스파라긴(asparagine)에 작용하여 아스파라긴산(asparaginic acid)으로 변환시키는 효소이지만 특정한 백혈병 세포의 증식에 불가결한 혈중 아스파라긴을 분해하여 제거하므로 그 치료에 사용되었다. 이 효소는 대장균에서 얻는다.

어떤 세균에서 얻는 스트렙토키나아제(streptokinase)는 굳은 혈액을 용해하는 작용이 있는 플라스민(plasmin)을 활성화하는 작용이 있으므로 혈전증 치료에 사용되고 있다.

이처럼 효소제를 직접 의료용으로 사용할 때는 그 안전성에 대하여 엄격한 검사를 받아야 한다. 현재 실용화된 효소는 그다지 많다고 볼 수 없다. 그러나 특이성이 높은 효소제는 연구가 진행됨에 따라 앞으로 더욱 더 많이 의료 분야에 진출할 것으로 예상된다.

음식물이 되는 여러 가지 균

미생물을 음식물 제조나 가공 혹은 알코올 생산에 이용하고 있다는 사실은 이제까지 설명한 바와 같다. 우리는 그것을 이용한 음식물을 통해서 살아있는 미생물의 세포 혹은 죽은 세포를 미생물인 줄 모르고 먹는 경우가 있다. 낫토(納豆)의 고초균, 요구르트의 유산균, 자연 치즈의 곰팡이, 식빵에 사용되는 효모 등등, 예를 들자면 끝이 없다.

이제부터 이야기하려는 것은 음식물에 부수하여 취하는 미생물이 아니라 미생물 균체 그 자체, 또는 그 성분을 영양학적으로 가치 있는 식품으로 하는 이야기이다.

사실 우리는 이미 미생물 균체 그 자체를 식용하고 있다. 그것은 바로 버섯이다. 송이버섯, 표고버섯, 팽이버섯 등은 분류학상 곰팡이의 일종인 담자균(擔子菌 : *Basidiomycota*)이다. 송이버섯을 제외한 많은 식용 버섯은 현재 인공재배가 가능하여 대량 생산되고 있으며, 조류의 일종인 클로렐라(chlorella)는 균체 혹은 추출한 성분의 일부가 이미 건강식품으로 상품화된 지 오래다. 독일에서는 제1차 세계대전 때 목재의 산가수분해물(酸加水分解物)에 효모를 배양하여 균체를 회수해 인공육을 만들기도 했다.

그럼 균체는 도대체 어떠한 성분으로 구성되어 있는가?

생균체의 최대 성분인 수분은 약 80%에 이른다. 건조한 균체의 주요 성분을 보면 표 2.1과 같다. 어떤 미생물도 최대 성분은 단백

표 2.1 **균체 성분표**

(단위:%)

구성성분 미생물	단백질	탄수화물	지질
세균	60~80	15~30	5~30
효모	40~60	20~40	5~50
곰팡이	30~50	30~60	3~40

주 : 어떤 미생물이든지 건조시킨 균체의 최대 성분은 모두 단백질이다. 음식물로 사용하면 귀중한 단백원이 될 가능성이 있다. 지질은 배양조건에 따라 그 축적량이 변한다. 미네랄과 비타민도 미량이지만 포함되어 있다. 식량 부족 해소에 미생물 균체의 식량 자원화가 한몫할 것을 기대해 본다.

질인 것을 알 수 있으며, 특히 세균 균체에 포함되어 있는 단백질의 양은 많은 편이다. 따라서 우리가 그것을 먹는다면 미생물 균체는 단백질원이 되는 셈이다.

또 미생물에 따라 포함되는 지질의 양에서 많은 차이가 나는 것은 배양조건에 따라 균체 안에 지방분을 축적하는 현상이 있기 때문이다. 미량 성분으로 미네랄과 비타민도 풍부하다.

지구상에는 식량 부족으로 기아선상에서 고통받는 나라가 있는 것도 사실이다. 지구상의 총 인구가 72억을 넘은 2015년 현재, 식량 부족은 쉽게 해소할 수 있는 문제가 아니다. 이와 같은 배경에서 미생물 균체의 식량 자원화가 연구과제에 오른 것은 대략 1959년 이전부터이다.

가끔 세계적으로 단백질 부족이 과제가 되었으므로 당초의 목표를 단백질 함유량이 많은 세균과 효모의 균체 생산에 주력했었다. 그 경우 배양에 필요한 배지는 식용으로 쓰이지 않는 것을 사용한다는 정신에 바탕하여, 1960년대 후반부터 석유파동 때까지는 석유, 노멀파라핀(normal paraffin) 등의 석유화학 제품을 주요 성분으로 하는 배지를 사용하여 균체 생산이 시도되기도 했다.

얻어진 미생물 균체는 석유단백질이라 칭하며 각광을 받았다. 그러나 석유 가격이 급등하자 배지 성분을 점차 값싼 메탄올이나 에탄올로 교체하기 시작했다.

노멀파라핀과 같은 탄화수소를 기질로 했던 미생물 배양에는 당, 녹말 같은 탄수화물을 기질로 했던 이제까지의 배양과는 달리 먼저 해결해야 할 몇 가지 과제가 있다.

첫째, 탄화수소는 물에 잘 용해되지 않는다는 점이다. 이에는 교반조건과 유화제의 검토가 진행되었다. 둘째, 배양할 때 미생물의 효소 요구량이 높아진다는 점이다. 글루코오스를 기질로 하는 경우보다 3~4배의 효소를 필요로 한다. 셋째, 배양 중의 발열량도 마찬가지로 약 4배 정도 늘어난다는 점이다. 이 때문에 배양조의 산소 공급능력 및 냉각법의 개선이 검토되었다.

배양장치와 배양법을 검토하는 것과 동시에 미생물 쪽에서도 세포의 단백질 함유량, 고온에서 증식할 수 있고 기질에서 균체 수율이 좋은 것 등의 탐색과 균종 개량이 진행되었다.

최후의, 그리고 최대의 과제는 식품으로서의 안정성이었다. 미생물의 병원성, 균체 내의 중금속, 발암 유도물질, 잔류기질 등이 엄중하게 확인된 연후가 아니면 식품으로는 불가능하다.

이와 같은 여러 사항은 UN과 각국 정부 및 연구기관에서 장기간에 걸쳐 엄중한 실험이 실시되어 결국 안정성에 문제가 없다는 것이 확인되었다.

먹을 수 있는 미생물—SCP

그렇게 개발된 미생물 균체를 SCP(single, cell, protein ; 미생물 단백질)라고 한다.

1970년에 UN 단백질자문위원회가 결정한 정의에 의하면, SCP

는 효모균, 세균 외에도 곰팡이, 조류의 균체 및 원충류(原虫類)까지 포함하게 되어 있다. SCP는 현재 몇 개 나라에서 공업규모로 생산되고 있다.

옛 소련에서는 연간 100만 톤, 루마니아는 연간 6만 톤, 동독은 연간 6만 톤을 생산한 것으로 알려져 있다. 이탈리아에서는 노멀파라핀을 원료로 하여 효모 균체를 생산하고 있고, 영국의 ICI사에서는 메탄올을 원료로 하여 세균 균체를 생산하고 있다.

1968년에 ICI사는 메탄올로 잘 자라는 세균을 사용하여 SCP 생산을 연구하기 시작하고 1979년에 공장을 건설하여 공업 생산에 들어갔다. 여기에 사용되고 있는 배양조는 긴 탑 모양으로, 내부에는 드래프트튜브를 설치하여 액이 안쪽과 바깥쪽으로 순환할 수 있는 구조로 되어 있다.

회수한 균체는 건조하여 과립 또는 분말로 만든다. 1985년 말의 보고에 의하면 이 세균 균체의 생산 규모는 연 5~7만 톤이고, 'Plutin'이라는 상품명으로 세계 23개국에 판매되어 주로 사료용 단백질원으로 쓰이고 있다고 한다.

조류인 클로렐라와 스피룰리나(Spirulina)도 건조시킨 것은 약 60%의 단백질을 함유하고 있어, 유망한 SCP 중 하나이다. 스피룰리나는 북아프리카 차드 호수 부근의 원주민이 예부터 식용해 오던 자생종으로, 1962년에 프랑스 사람이 그것을 가지고 프랑스로 돌아가 인공배양을 확립하고부터 전 세계로 퍼져 나갔다.

스피룰리나 세포는 최장 0.5mm의 나선상으로 되어 있으며, 탄산이온과 중탄산이온을 포함한 약알칼리성 환경에서 잘 자란다. 이러한 수질과 강한 태양광 등 천연의 생육환경인 멕시코시티 가까이의 테스코코 호에서는 대량 배양하여 식용으로 공급하고 있다. 건조시킨 균체는 저칼로리, 양질의 건강 다이어트 식품과 양어 사료로 사용된다.

클로렐라는 볼형 내지 알 모양의 단세포 조류로, 분류학에 의하면 스피룰리나보다 고등 미생물에 속한다. 일본 오키나와에서는 옥외의 얕은 배지에 태양광을 이용하여 배양하고 있다.

배양조건을 바꾸면 세포 내에 약 80%의 유지(乳脂)를 축적할 수 있다. 이것은 식물유와 비슷한 조성의 양질의 유지이기 때문에 유지원으로 주목되고 있다.

SCP가 아직은 선진국 등에서 식용으로 사용되는 사례가 희소하지만 식육용 동물의 사료로 많이 사용되므로 간접적으로 이용하고 있는 셈이 된다.

양계의 경우에는 SCP를 혼합한 사료를 공급하면 체중 증가, 산란율, 수정부화율이 향상되는 것으로 보고되었고, 잉어나 붕어, 장어 등의 담수어 양식과 소, 돼지 등의 가축에도 효과가 좋은 것으로 알려지고 있다. 사료를 많이 수입하는 우리나라로서는 SCP의 중요성을 결코 간과해서는 안 될 것이다.

언젠가는 미생물이라는 가축이 직접 우리의 식탁에 오를 날이 올지도 모른다. 단백질량을 기준으로 하면 미생물이 어떤 곡류나 동물보다도 단위 면적당의 생산량, 생산속도가 양호한 것으로 알려져 있다.

　장래 지구 밖의 우주생활에서는 식량을 생산하는 유효한 수단
이 될지도 모른다는 예측과 함께 이 장을 마감한다.

제3장

미생물로 만드는
유전자

유전자란 무엇인가

유전자란 디옥시리보핵산(DNA)이라는 물질을 말한다. 유전자와 DNA라는 용어는 오늘날에 이르러서는 많이 알려져 사용되고 있지만, 그 DNA의 구조를 알게 된 것은 그리 오래되지 않았다.

유전자의 정체는 의문에 싸여 있었다. 어떤 사람은 복잡한 구조를 가지고 있다는 이유에서 유전자의 정체가 단백질이라고 생각했었다. DNA가 유전자의 정체란 것을 알게 된 것은 1953년 왓슨(James Watson ; 1928~)과 크릭(Francis Crick ; 1916~2004)이 DNA의 이중나선 구조를 발표하면서부터이다.

DNA는 당과 인산으로 구성된 골조가 염기(base)의 사슬로 이어진 뉴클레오티드(nucleotide)라는 것을 구성 단위로 하고 있다. 양쪽에서 염기끼리 손을 잡고 실처럼 이어진 분자가 꼬여 이중나선 구조를 형성하고 있다. 이 2개의 실 같은 분자가 얽힌 것 위에 어버이가 가지고 있는 성질이 자식에게로 전해지는 유전의 기본적인 원리가 모두 새겨져 있다. 이중 나선 구조는 이 소중한 유전정보를 확실하게 전하기 유리하게 되어 있다.

DNA는 자외선이나 화학물질 등에 의해서 상처를 받게 되는 경우가 있다. 상처를 받게 되면 당연히 유전정보가 혼돈되어 돌연변이 또는 암을 야기한다. 두 가닥의 사슬이 서로 돕고 있는 관계이면 한쪽 사슬이 상처를 받더라도 다른 쪽 사슬이 있으므로 상처의 구멍 메우기가 가능하다.

그 이중 나선 구조 위에 신호가 새겨져 있다. 이 신호는 아데닌(adenine ; A), 티민(thymine ; T), 구아닌(guanine ; G), 시토신(cytosine ; C)이라는 4개 염기의 분자로 구성되어 있다. 단, RNA의 경우에는 티민 대신에 우라실(uracil ; U)이 들어간다. 이것은 분자라 하지 않고 A, T, G, C라는 4개의 용어라고 생각하면 기억하기 쉬울 것이다. 모든 유전정보는 이 4개 용어의 배열법으로 구성되어 있다.

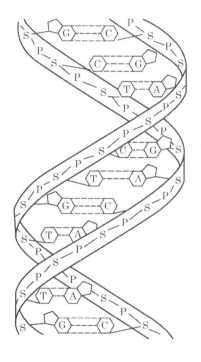

그림 3.1 DNA의 구조

DNA는 아데닌(A), 티민(T), 구아닌(G), 시토신(C)의 4개 염기와 당(S), 인산(P)이 결합하여 그것이 이중 나선상으로 되어 존재하고 있다. 염기 중 A와 T, G와 C가 각각 대응한다.

컴퓨터의 프로그램이 0과 1의 두 신호로 되어 있는 것과 비교하여도 신호가 4개 있는 유전자 쪽이 정보로서는 월등하게 복잡한 것을 상상할 수 있다. 또 1mm에 포함되어 있는 정보의 양은 컴퓨터도 따라갈 수 없을 정도이다. DNA의 경우 고작 1mm의 분자 속에 지극히 많은 정보가 새겨져 있다. 우리는 이와 같은 DNA를 대대로 부모로부터 이어받아 오고 있다.

그렇다면 우리는 이 유전자를 어떻게 하여 여러 가지로 쓸모 있는 것으로 만들게 된 것일까? 우선 DNA로부터 무엇이 만들어지고 있는가, 이것이 가장 큰 문제이다.

유전이라는 것은 어버이가 가지고 있던 형질을 그대로 자식에게 전한다는 것이 대전제이다. 어버이와 같은 것이 되지 않는다면 안 된다. 즉 어버이와 같은 단백질이 만들어지는 셈이다. 여기서 말하는 단백질이란 대부분의 경우 효소이다. 어버이와 같은 효소가 만들어짐으로써 생명이 승계된다고 할 수 있다.

이 DNA에서 어떻게 하여 단백질이 생성되는 것일까? 우선 DNA는 자기와 같은 것을 만든다. 그것을 복제라고 한다. 마치 필름을 더빙하는 것과 똑같은 프로세스이다.

왜 DNA를 복제하지 않으면 안 되는 것일까? 우리의 몸은 세포 분열을 반복하며 점점 성장한다. 세포의 하나하나에 DNA가 있어서, 그것이 각각의 세포에 명령하여 증가해 나간다. 그러므로 DNA가 한 가닥만 있다면 몸은 성장하지 못한다. 같은 DNA를 몇 개든 만들 필요가 있다.

DNA에서 단백질이 만들어진다고 하였는데, 실제로 단백질을 만들 때는 DNA를 그대로 사용하지는 않는다. DNA는 유전정보를 지닌 매우 중요한 것이기 때문이다.

　DNA에서는 리보핵산(ribonucleic acid ; RNA)이라는 것을 만들어 단백질 합성 등에 제공한다. DNA가 두 가닥인 데 비하여 RNA는 한 가닥 사슬이다.

　RNA 폴리메라아제(RNA polymerase)라는 효소가 작용하여 메신저 RNA(messenger ribonucleic acid)라는 것을 만든다. 전령(傳令) RNA라고도 하며, 이것은 DNA의 정보를 복사하여 리보솜(ribosome)에 운반한다.

　DNA와 RNA의 관계를 사진으로 비유하면 음화필름과 양화필름의 관계가 된다. DNA를 여러 번 사용하면 닳아 없어져 버리므로, 그 대신에 RNA를 사용하는 것이라고 생각하면 된다.

　또 때로는 기억한 정보도 잊어버리지 않으면 안 되는 경우가 있다. 언제까지나 어떤 하나의 단백질만을 계속 만들게 된다면 생물은 죽음에 이르기 때문이다. 그럴 때는 메신저 RNA가 파괴되어야 한다. 이러한 일이 있기 때문에 DNA의 카피를 만들지 않으면 안 되는 것이다.

　메신저 RNA는 단백질 합성공장인 리보솜의 정보를 다룬다. 리보솜이라는 것은 작은 입자이다. 그 공장은 메신저 RNA가 가지고 있는 신호에 바탕하여 생물 각자의 특유한 단백질, 효소(enzyme)를 만들고 있다.

　이때 트랜스퍼(transfer) RNA라는 것이 중요한 역할을 한다. 단백질을 구성하는 아미노산을 리보솜에 날라 온다. 이것은 말하자면 아미노산 운반 담당자이다.

다시 복습하면, DAN가 가지고 있는 프로그램은 메신저 RNA에 카피된다. 그 카피를 컴퓨터인 동시에 공장이기도 한 리보솜에 내주면 공장은 조업을 시작하고, 트랜스퍼 RNA가 원료인 아미노산을 운반해 와서 단백질이 만들어진다.

많은 과학자들의 궤적

이 복잡한 관계는 하루아침에 알게 된 것이 아니다. 마치 TV나 컴퓨터를 누가 발명했느냐는 질문을 받으면 바로 대답하기 힘든 것과 마찬가지로 수많은 사람이 이 일에 관련되어 있다.

1964년 미국의 생화학자인 니런버그(Marshall Warren Niren-berg : 1927~2010)에 의해서 처음으로 이 프로그램의 암호, 즉 DNA상의 유전암호가 해독되었다. 당시에는 A, T, G, C의 4개 언어는 그냥 단순히 나열되어 있을 뿐이라고 생각했었지만, 나중에 이 A, T, G, C의 조합에 의미가 있다는 것을 알게 되었다. 이 조합은 3개의 문자로 되어 있는데, 예를 들어 TTT로 늘어선 것을 페닐알라닌(phenylalanine)이라 읽는 것처럼 세 문자의 조합이 각각 하나의 아미노산을 나타내는 것임을 알게 되었다.

앞에서 설명한 트랜스퍼 RNA는 각자가 이 문자의 염기조합을 가지고 있어 그에 대응하는 아미노산을 리보솜에 운반한다. 이로부터 연구가 더욱 진척되어 1967년이 되자 DNA 리가아제(DNA ligase)라는 효소가 발견되었다. 이 DNA 리가아제는 유전자 재조합(recombinant) 때에 큰 역할을 하게 된다.

표 3.1 DNA의 유전자 정보 해독표

A, T, G, C의 염기 중 3개 문자가 하나의 아미노산을 나타내고 있다.

첫 번째	두 번째				세 번째
	T	C	A	G	
T	페닐알라닌	세린	티로신 (tyrosine)	시스테인 (cysteine)	T
	페닐알라닌	세린	티로신	시스테인	C
	류신	세린	정지	정지	A
	류신	세린	정지	트립토판 (tryptophan)	G
C	류신	프롤린(proline)	히스티딘 (histidine)	아르기닌 (arginine)	T
	류신	프롤린	히스티딘	아르기닌	C
	류신	프롤린	글루타민 (glutamine)	아르기닌	A
	류신	프롤린	글루타민	아르기닌	G
A	이소류신	트레오닌 (threonine)	아스파라긴	세린	T
	이소류신	트레오닌	아스파라긴	세린	C
	이소류신	트레오닌	리신(lysine)	아르기닌	A
	메티오닌(개시)	트레오닌	리신	아르기닌	G
G	발린	알라닌	아스파라긴산	글루신	T
	발린	알라닌	아스파라긴산	글루신	C
	발린	알라닌	글루탐산(glutamic acid)	글루신	A
	발린(개시)	알라닌	글루탐산	글루신	G

DNA는 앞에서 설명한 바와 같이 가느다란 실이 두 가닥 얽힌 것 같은, 어느 정도의 길이를 가진 구조로 되어 있다. 간혹 중간에 끊어지는 경우도 있다. 자외선이 닿아도 끊어지고, 혹은 뒤에서 설명할 유전자 재조합 기술 등에서 편의상 일부러 끊는 경우도 있다. DNA는 당기거나 초음파를 가하거나 효소를 사용해서 간단하게 절단할 수 있다. 그 DNA를 회복시키는 것, 이어 맞추는 효소가 DNA 리가아제이다. 끊어진 DNA를 이어주는 풀이라고 생각하면 된다.

1970년에는 제한효소(restriction enzyme)라는 것이 발견되었는

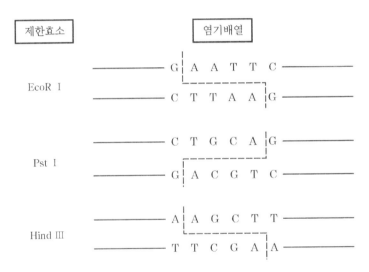

그림 3.2 제한효소

제한효소는 DNA 속의 특정한 염기의 배열방식을 인식하여 절단한다. DNA를 자르는 가위이다. 그림에서 세 종류의 제한효소는 각각 정해진 6개의 염기배열법을 찾아내어 점선으로 표시한 곳에서 DNA를 절단한다.

데, 이는 DNA의 한정된 부분만 절단하는 특이한 효소로, 가위라 할 수 있다. 이 효소는 그 이후로도 연이어 발견되어 현재 30~40 종 이상이나 된다. 즉 DNA의 30~40여 다른 장소를 자르는 가위가 있는 셈이다.

이 단계에서 DNA를 자르거나 이을 수 있다는 것을 알게 되었다. 제한효소라는 가위로 자른 DNA를 DNA 리가아제라는 풀로 다시 이어붙일 수 있게 되었다. 여기까지가 연구자들이 유전자 재조합 기술을 가능하게 하기까지의 연구 흐름이다.

1972년 미국의 생화학자 버그(Paul Berg : 1926~)가 이 DNA 리가아제와 제한효소에 눈을 돌려 처음으로 유전자 재조합을 시행했다. 이 경우의 DNA는 미생물끼리의 것을 사용했다. 가늘고 기다란 DNA를 그대로 다른 DNA에 결합해 넣는 것은 무척이나 어려운 작업이다. 그래서 플라스미드(plasmid)라는, 링 모양으로 되어 있는 작은 DNA를 이용하기로 했다.

플라스미드는 그 자신으로서는 증식하지 못하고 대장균 등의 속에서 기생하여 증식하는 염색체 밖의 DNA이다. 이것은 DNA의 카피 개시 정보 외의 중요한 정보는 거의 가지고 있지 않다. 이 때문에 증식하기 위한 DNA로서 이것 이상의 것은 없을 정도로 적합하다.

버그는 바퀴처럼 되어 있는 플라스미드의 한 곳을 제한효소로 자르고, 그 잘린 곳에 자기가 목적하는 유전자를 끼워 넣고 DNA 리가아제로 붙여서 미생물의 몸속에 넣는 데 성공했다. 그 결과 그는 유전자 재조합을 처음 인공적으로 실시했다는 명예를 얻었다.

그다음 해, 미국 스탠퍼드대학교의 코언(Stanley Cohen : 1935~)과 캘리포니아대학교의 보이어(Herbert Boyer : 1936~) 등이 처음으로 동물의 유전자 재조합에 성공했다. 이 실험은 아프리카발톱개구리(African clawed frogs)의 유전자를 대장균의 유전자에 결합시키는 것이었다.

그리하여 유전자 재조합 기술은 급속한 진전을 이루어 오늘날에 이르게 되었다. 유전자 재조합은 여러 분야의 기술이 축적된 토대 위에서 성취되었다. 버그라는 한 사람의 수재에 의한 것만은 아니었다. 우리의 생각을 바꿀 만한 큰 의미를 갖는 연구와 실험은 이제까지 쌓아올려진 지식의 토대 위에 성립되었다.

유전자 재조합은 위험한가?

한때, 유전자 재조합에 성공했다는 언론 보도가 나오자 세계는 떠들썩했다. 그 성과에 경탄의 찬사가 쏟아지는 반면, 또 다른 매스컴, 종교학자, 시민활동가 등으로부터 큰 우려와 맹렬한 반발까지 제기되었다. 특히 아프리카발톱개구리의 유전자가 대장균에 이식되었다고 발표되었을 때는 인간의 힘에 의해서 새로운 생명체가 만들어지는 것이 아닌가 하는 의구심에서 그 위험성을 제소하는 사람들과 종교적, 윤리적 이유로 반대하는 여론이 비등하기도 했다.

새로운 생명체를 인공적으로 만들어내는, 혹은 신의 영역에 속하는 인간을 개조하는 것도 가능한 것이 아닌가 하는 기우에서 반발을 사 시민운동이 일어나기도 했다. 이와 같은 세론(世論)으로 유전자 재조합 실험은 일시적으로 동결 상태가 되었다.

그러나 그 후에 이 기술은 이제까지 존재하지 않았던 새로운 생명체를 만드는 단계에는 아직 이르지 않았다는 것이 밝혀졌다. 새로운 생물을 만든다 하여도, 그것은 생물이 본래부터 가지고 있는 능력을 증강시키거나 가지고 있지 않았던 능력을 갖게 하는 것이 가능하게 되었다는 것이었다. 그러한 의미에서의 '새로운' 미생물은 인간에게 해를 끼칠 만한 일은 없을 것이라 하여, 실험이 재개되어 연구는 진일보하고 있다.

유전자 재조합은 어떻게 하는가?

오늘날에 이르러서도 인간은 아직 유전자를 인공적으로 만들지는 못한다. 다만 이미 존재하는 유전자를 조금씩 변화시켜 이용하는 것은 가능해졌다. 그럼, 이 유전자 재조합은 어떻게 이루어지는가? 유전자의 구조를 복습하면서 설명해 나가기로 하겠다.

유전자의 구조는 비교적 간단하게 그림으로 그릴 수 있다(그림 3.1 참조). 이해하기 쉽게, 가정에서 흔하게 사용했던 비디오테이프와 비교하여 보자. 비디오테이프의 경우에는 비디오디스크에 테이프를 넣고 '재생' 버튼을 누르면 영상이 화면에 떠오른다. 그리고

'멈춤' 버튼을 누르면 영상은 사라진다. 전혀 어려워 보이지 않지만 비디오디스크의 동작에는 각각 다른 신호(signal)가 나오고 있다.

이제 유전자의 경우를 보자. DNA 위에는 프로모터(promoter)라는 전사(轉寫)를 시작하는 부분이 있다. 거기에 RNA 폴리메라아제(RNA polymerase)라는 메신저 RNA(messenger ribonucleic acid)를 만드는 효소가 붙고, 그 부분에서 메신저 RNA가 만들어진다.

비디오테이프에 해당되는 이 메신저 RNA가 비디오디스크에 해당하는 리보솜과 처음 만나는 부분을 SD 배열이라고 한다. 비디오의 '재생 버튼'에 해당하는 부분이다. 여기서 리보솜과 달라붙어 단백질이 만들어진다. 만들어져 나온 이 단백질은 비디오에서 '영상'에 해당한다. 그 단백을 어느 정도까지 만들면 이번에는 만드는 것을 멈추어야 한다. '멈춤 버튼'에 해당한다. 이것은 A, T, G, C의 4개의 유전자 신호 중 TGA라든가 TAG, TAA 등 3종류의 문자 배열이 여기에 해당한다. 이 배열이 헷갈리면 그 단백질은 만들지 못하게 된다. 즉 테이프가 멈춘 것이다.

그런데 생물은 가끔 신호를 잘못 읽거나 빠뜨리기도 한다. 그럴 때를 위해 생물에 따라서는 다시 특정한 문자 배열 뒤에 생성을 기계적으로 정지시키는 터미네이터(terminator)라는 특별한 구조를 가지고 있는 경우가 있다.

SD 배열에는 "여기서부터 단백질을 만들라"는 지령이 들어 있다. 이것은 보통 4개 문자 중 ATG라는 배열이다. 신기하게도 이 ATG 배열은 거의 모든 생물에 공통적으로 있다.

이 ATG는 메티오닌(methionine)이라는 아미노산에 대응하고 있다. 그러므로 거의 모든 단백질은 이 메티오닌이 가장 최초로 붙어 있다. 즉 최초로 메티오닌에서 합성된다. 다만 우리가 갖는 단백질은 여러 가지 효소에 의해서 일부분 분해되거나 잘리기도 하여 변화되므로 메티오닌이 반드시 끝에 있다고는 단정할 수 없다.

DNA의 의미 없는 부분

이상과 같이 DNA는 유전자 정보를 전달하기 위한 실로 교묘한 구조를 가지고 있음을 알았다.

그러나 DNA 안의 4개의 언어 배열방식에는 아무런 의미도 없는 것이 있음이 나중에 발견되었다. 이에 관해서는 제5장에서 재론하겠지만 이상하게도 메신저(모든 전령) RNA는 DNA에서 유전정보를 카피할 때 이 의미가 없는 부분을 삭제하고 내용을 편집하여 의미가 통하는 정보로 만들어 카피한다. 이 정보 편집이라고도 할 수 있는 배열의 줄 변화를 스플라이싱(splicing)이라 한다.

또 이 메신저 RNA는 머리에 모자처럼 어떤 물질을 접합시키거나 꼬리에 장식을 붙이기도 한다. 카피를 오래 간직하게 하거나 카피의 번역을 효율적으로 시키기 위해 이와 같은 수식이 필요하다는 것이다.

유전자를 재조합하려면

지금까지 유전자 구조에 대하여 살펴보았다. 그럼 유전자 재조합은 어떻게 진행되는가? 여기서는 미생물에 관하여 살펴보겠다.

유전자는 원래 형태로는 미생물 속에 집어넣을 수 없다. 대장균은 물론이거니와 다른 미생물에도 불가능하다. 어째서 그러한가?

유전자에 어느 정도 길이가 없으면 미생물 쪽에서 좀처럼 받아들이지 않기 때문이다.

앞에서 소개한 플라스미드를 이용하면 목적하는 유전자를 효율적으로 심어 넣을 수 있다는 것은 이와 같은 이유에서이다.

유전자 재조합에는 이와 같이 어느 정도의 길이를 가진 작은 유전자를 이용한다. 그것들은 운반자 또는 벡터(vector)라고 한다.

이 벡터를 제한효소라는 가위로 절단하고 거기에 목적하는 유전자를 끼워 넣어 DNA 리가아제로 붙인다. 그 벡터는 그대로 목적하는 미생물, 예를 들어 대장균 등에 끼워 넣는다. 대장균은 끼어든 그 유전자 신호에 바탕하여 여러 가지 물질을 만들어내는 구조로 되어 있다. 벡터는 유전자 재조합에 없어서는 안 될 존재이다.

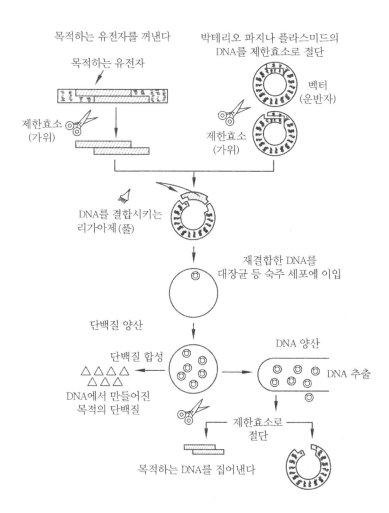

목적하는 유전자를 꺼낸다   박테리오 파지나 플라스미드의
                 DNA를 제한효소로 절단

목적하는 유전자

제한효소
(가위)

벡터
(운반자)

제한효소
(가위)

DNA를 결합시키는
리가아제(풀)

재결합한 DNA를
대장균 등 숙주 세포에 이입

단백질 양산

단백질 합성

DNA 양산

△△△△
△△△

DNA에서 만들어진
목적의 단백질

DNA 추출

제한효소로
절단

목적하는 DNA를 집어낸다

그림 3.3 유전자 재조합 기술의 예

대장균은 완전히 안전

이제까지 대장균이 수없이 등장했다. 이 유전자 재조합에서 이용하는 대장균 등을 숙주(宿主) 또는 호스트(host)라고 한다. 이것은 앞에서 비교로 이용한 비디오디스크 혹은 공장에 해당한다. 사실 이 숙주라는 것 또한 큰 문제이다.

최초로 사용된 숙주는 대장균이었다. 대장균 중에서도 K12라는 종류의 것이었다. 그 많고 많은 세균 중에서 어째서 대장균을 사용했는가 하면, 대장균이 가장 많이 연구되었기 때문이다.

1946년 미국의 미생물유전학자인 레더버그(Joshua Lederberg : 1925~2008)가 대장균에는 암수가 있다는 것, 그리고 수컷과 암컷이 달라붙어서 유전자 교환이 일어난다는 것을 발견했다. 미생물에도 수컷과 암컷이 있다는 것을 알게 된 것이다.

1952년에는 파지(phage)라는 바이러스의 일종이 대장균에 감염되면 파지가 가지고 있는 성질이 대장균 속으로 들어간다는 것을 미국의 분자생물학자인 허시(Alfred Hershey : 1908~1997)와 체이스(Martha Chase : 1927~2003)의 실험으로 알게 되었다.

이 파지는 대장균 등, 세균의 몸에 자신이 가지고 있는 침을 찔러 넣어 그 끝에서 유전자를 주입한다. 유전자가 주입된 대장균의 세포는 그 지령에 따라 파지를 복제해 나가고, 끝내는 그 파지에 몸까지 먹혀 죽게 된다. 파지의 유전자에 의해서 세포는 본래와는 다른 일을 하게 되는 것이다.

우리는 간혹 감기에 걸리고, 어린이의 경우 홍역에 걸리기도 한다. 이때 감기 바이러스와 홍역 바이러스가 몸속으로 들어가 DNA 속으로 잡혀 들어간다. 같은 바이러스가 몸속으로 또 들어와도 DNA가 바이러스를 기억하여 저항할 수 있기 때문에 그 병에는 다시 걸리지 않게 된다.

이러한 현상이 미생물 안에서도 일어나는 것을 알게 되었다. 그리고 그동안 대장균을 상세하게 연구해 왔기 때문에 유전자 재조합 실험에 대장균을 이용하게 된 것이다. 또 이 대장균 K12주라는 것은 인간에게 있어서 설령 대량으로 마셨다 하여도 설사를 수반하지 않는 안전한 대장균이란 사실을 알았다.

대장균이라 하면 무턱대고 위험한 것으로 생각하기 쉽지만, 대장균 K12주는 우리의 대장에 눌러 붙어 있지 못하게 되어 있다.

흔히 해수욕장의 수질검사에서 바닷물 속에 대장균이 많고 적은 것이 문제가 되는데, 그것은 배양하기가 가장 간단하기 때문에 검출하기 쉬운 대장균을 기준으로 하고 있을 뿐이다. 그러므로 대장균은 곧 독이라는 생각은 버려도 좋다. 대장균을 무조건 더러운 것, 혹은 위험한 것으로 해석하는 것은 틀린 생각이다.

배양방법이 간단하다는 것도 유전자 재조합에는 중요한 요소이다. 그래서 유전자 재조합에서는 이 대장균을 공장으로 사용하고 있다.

대장균에 플라스미드를 감염시키면 플라스미드가 가지고 있는 유전정보에 따라 대장균이 움직이기 시작한다. 즉 대장균은 자신의 일은 잊어버리고 플라스미드가 명령하는 대로 열심히 물질을 만들어낸다.

그림 3.4 대장균

유전자 재조합을 한다

그렇다면 어떻게 유전자 재조합을 하게 되는가? 예를 들어 대장균에 항생물질인 페니실린을 분해하는 능력을 부여하려는 경우를 생각해 보자.

이 경우에는 페니실린 분해효소의 유전자를 가진 DNA를 벡터에 이어준다. 앞에서 소개한 제한효소의 가위와 리가아제라는 풀로 붙이는 방법을 이용한다. 그리고 이것을 숙주인 대장균에 넣어준다.

넣는 방법은 다음과 같다. 벡터와 대장균을 섞어서 어떤 조건 아래 둔다. 그렇게 하면 대장균은 이 유전자를 전혀 분해하지 않고 몸속으로 거두어들인다. 숙주인 대장균은 일단 몸속으로 들어온 유전자를 본래 자기가 가지고 있던 유전자와 전혀 구별할 수 없는 상태로 만들어, 들어온 유전자의 정보를 바탕으로 열심히 페니실린 분해효소를 만든다. 이 단계에서 유전자 재조합은 성공한 것이다.

이 페니실린 분해효소를 만들 만한 대장균을 찾아내어 주면, 그 대장균은 유전자 재조합을 하는 대장균인 것이나 마찬가지다. 여기서 선별(selection)이라는 조작이 필요하게 된다. 즉 본래는 없었던 성질을 가진 것을 어떻게 찾아내느냐 하는 것이다. 이것 또한 중요하다.

보통 대장균은 페니실린에 의해 죽지만 이 페니실린 분해능력을 가진 것은 페니실린이 있어도 죽지 않고 점점 증식해 나간다. 그러므로 페니실린 분해능력을 가진 대장균을 찾아내려면 이 성질을 이용하여 선별할 수 있다.

이 선별을 효과적으로 하는 것이 자기가 목적하는 재조합된 미생물을 선별하는 바로 그것이기도 하다.

효율적으로 만들게 하려면

이제, 유전자를 재조합한 대장균이 만들어졌다. 그러나 문제는 이제부터이다. 이제까지의 단계에서는 정해져 있는 방법이었으므로 비교적 간단하게 만들어낼 수 있었다.

유전자 재조합이라고 하면 어려운 기술이라고 생각할지 모른다. 하지만 현재는 미생물끼리의 유전자 재조합 정도라면 이공계 대학 4학년 학생도 충분히 실험할 수 있을 정도로까지 용이하게 되었다.

하지만 애써 만들어진 새로운 유전자를 갖는 재조합 DNA를 효율적으로 활용하여 목적하는 것을 만든다는 것은 쉬운 일이 아니어서 그렇게 쉽게는 되지 않는다. 지금은 발전을 거듭하고 있는 단계라 할 수 있다.

우선, 공장을 가동하는 조건에 해당하는 배양방법을 연구한다. 미생물을 어떻게 배양하느냐 하는 것은 매우 중요한 문제이다. 예로 든 대장균의 경우, DNA를 재조합한 것은 원래의 대장균에 비해 미약하다. 왜 유전자 재조합한 대장균이 미약하게 되는 걸까?

유전자 재조합에 의해서 본래 없었던 것을 자기 몸속에 만드는 것이므로 만들어진 것은 모두 장애물이 된다. 그 장애물이 자기 몸속에 많이 만들어진다는 것은 대장균으로서는 바람직한 일이 아니다. 그 때문에 미약하게 되는 것이다.

그것을 고려한 바탕에서의 배양방법은 일반적으로 원래의 균보다 조건이 엄격하게 된다. 극히 조금이라도 조건이 변화되면 그 균이 죽어버리는 수도 있다. 페니실리나아제(penicillinase)를 만드는 대장균을 예로 들어 보자.

이 대장균을 배양하려고 할 때, 온도를 비교적 높은 40~45℃ 정도로 높이면 생육은 하지만 페니실리나아제를 만드는 능력은 감소된다. 재조합 유전자를 넣은 것은 열에 약하여 죽게 된다. 자연 상태가 아닌 대장균은 환경에 적응할 수 있는 폭이 매우 좁아진다. 최후에는 페니실린을 만드는 능력이 아예 상실되는 경우도 있다.

바이오테크놀로지에서 유전자 재조합을 이용하여 여러 가지 것을 만들려고 할 때 이 배양문제가 가장 큰 애로사항이다. 목적하는 것을 대량으로 만들지 않으면 공업적으로 기여하지 못하기 때문이다.

그러나 이 배양조건은 여러 가지 케이스에 의해서 변화를 면하기 어렵다. 배양조건에는 각각의 공통된 것이 없어 이 또한 번거롭고 성가신 문제이다. 예를 들어 인터페론(interferon)을 만들 때는 어떤 배양조건이 좋다고 정해져도 그것과 같은 조건에서 인슐린(insulin)이나 다른 항생물질을 만들지 못한다. 이와 같은 점 때문에 우리가 아직 가축으로서 완벽하게 미생물을 길들이지 못하고 있다.

만든 것을 끄집어낸다

문제는 또 있다. 미생물이 만든 것을 어떻게 끄집어내느냐 하는 문제이다. 이것을 추출(抽出)이라 한다.

보통 미생물이 효소단백질을 만들 때 미생물의 몸 안에 만드는 경우와 몸 밖에 만드는 경우가 있다. 몸 안에 만드는 것을 체내(*in vivo*), 몸 밖에 만드는 것을 체외(*in vitro*)라 한다.

체외의 경우는 예컨대 아밀라아제라든가 프로테아제처럼 미생물을 배양하여, 그 배양한 액 속에 대량으로 만들어 낸다. 체내의 경우에는 만든 것을 분비하지 않으므로 미생물을 모아 균체를 갈아서 부수지 않으면 몸 밖으로 끄집어낼 수 없다. 그러므로 체내가 체외보다 추출이 어렵다는 것을 이해할 수 있을 것이다.

이 추출은 그 이후의 정제와도 직접 관계가 있다. 정제는 목적한 것을 100% 정결하게 하는 과정이다. 정제는 체내와 체외 중에서 어느 쪽이 어려울까? 물론 체내가 어렵다.

체내의 것을 만들게 할 경우 그것은 약 1천 종류나 되는 단백질과 함께 존재하고 있다. 1천 종류나 되는 것 중에서 한 종류만을 추출하여 정제한다는 것은 쉬운 일이 아니다. 현재는 정제기술이 많이 발전했으므로 가능하게 되었지만 10여 년 전만 해도 체내의 단백질(효소)을 추출하여, 그것을 정제하고 그 성질을 분석하는 것만으로 학위를 취득할 수 있을 정도였다. 오늘날에 이르러서는 그런 일이 없지만, 그만큼 용이한 일이 아니었다.

그에 비하여 체외의 경우는 목적하는 것이 몸 밖에 만들어지므로 쉽게 정제할 수 있다. 이 경우 10종류 정도의 상이한 단백질 중에서 골라내면 되는 것이므로 체내와는 반대로 간단하다.

체내든 체외든 이 정제과정은 매우 중요한 과정이다. 이것이 잘되지 않는다면 유전자 재조합으로 무엇을 만들어도 그것은 쓸 만한 것이 못 된다.

아직도 유전자 재조합에는 몇 가지 문제가 남아 있다. 유전자 재조합 기술 그 자체를 상류라고 한다면, 추출·정제 등의 과정에 적용되는 기술, 순수한 테크놀로지 부분이 하류에 해당한다. 주로 이 다운스트림(downstream ; 하류 학문) 부분이 약하기 때문에 바이오 생산물이 실제로 사용까지 이르지 못했다는 것이다.

예를 들어 인슐린이든 인터페론이든 아니면 응유효소(milk coagulating enzyme)인 레닛이든 문제는 이 다운스트림에 있다. 어떻게 값싸게, 안전하게, 게다가 대량으로 만드느냐 하는 문제는 아직도 속 시원하게 해결되지 못했다.

이질균에서 다제내성을 발견하다

유전자 재조합은 자연계에서도 일어나고 있다. 다제내성(多劑耐性)이라는 것은 약제에 대하여 병원균이 내성을 갖게 됨으로써 그 약제가 효력을 발휘하지 못하는 것을 말한다. 페니실린이 효력을 발휘하지 못하게 된 여러 종류의 병원균, 혹은 스트렙토마이신이 듣지 않는 결핵균 등 그러한 것들이 있다는 것은 이미 제2장에서 언급한 바 있다.

유전자 입장에서 이 다제내성을 다시 보자.

어떤 약에 대하여 내성이 생겼다는 것은 "이 약을 부셔 버리세요" 혹은 "이 약을 복용하지 마십시오"라는 유전정보에 바탕한 것이다. 이 유전정보의 전달이 작은 플라스미드의 소행이라는 사실을 발견한 사람은 일본 군마대학교 의학부의 미쓰하시 스스무(三橋 進) 교수였다. 그는 1961년 미생물 사이에서 약제에 내성을 갖는 성질이

전이된다는 것을 알았다. 이것은 매우 중요한 발견이었다.

어떠한 계기로 이를 확인하였는가 하면, 당시 일본의 위생상태가 신통치 않았던 것이 발단이었다. 그 무렵 일본에는 이질(dysentery, 赤痢)이 유행하고 있었다. 미쓰하시는 환자를 진찰하다가 묘한 것을 발견했다. 그 환자의 이질균(Shigella)을 조사해 보았더니 항생물질인 클로로마이세틴(chloromycetin)을 복용한 적이 없었음에도 불구하고 환자 자신이 가지고 있던 이질균이 클로로마이세틴에 대해 내성을 갖고 있었던 것이다.

이 환자가 상대한 사람들을 추적하여 보아도 아무도 이질에 걸린 사람이 없었지만 한 사람씩 세심하게 조사한 결과, 그중 한 사람의 복부에 클로로마이세틴에 대하여 내성을 가진 대장균이 존재하고 있는 것을 알아냈다. 그렇다면 클로로마이세틴에 대하여 내성이 있는 대장균은 어디서 온 것이었을까? 그것을 추적 조사한 결과, 다음과 같은 사실을 알게 되었다.

어떤 사람의 집에서 이질 환자가 발생했다. 그 환자는 의사로부터 클로로마이세틴을 처방받아 복용했다. 약을 복용한 후에 몸 상태가 다소 호전되었으므로 클로로마이세틴의 복용을 중단했다. 그러나 배 속에서 이질균은 약화되면서도 살아는 있었다. 그래서 이질균은 완전히 사멸되지 않고 클로로마이세틴에 대한 내성을 획득한 것이다.

이 이질 환자가 있던 집에 가서 음식을 대접받은 사람에게 약화된 이질균이 감염된다. 균은 약화되어 있으므로 그 사람은 발병하지 않는다. 그러나 그 사람의 배 속에 거주하고 있던 대장균에 그 이질균에서 클로로마이세틴 내성이 전달된다. 그 사람으로부터 또 대장균이 제3자에게 감염된다.

그 대장균에 감염된 사람이 이질에 걸린 것이다. 클로로마이세틴 내성은 이번에 대장균에서 이질균으로 옮겨져 이 이질균은 클로로마이세틴에 대하여 내성을 갖게 되었던 것이다.

자연계에서의 유전자 재조합

이질균에서 대장균으로. 또 대장균에서 이질균으로 클로로마이세틴 내성의 성질만이 전달되어 간다. 다시 말하면 내성 유전자만을 주고받는다는 것이다.

몸에 생소한 것이 다른 곳에서 전달되어 온다. 이것은 오늘날에는 잘 알려져 있지만 당시는 약제내성의 성질이 병원균을 전혀 거치지 않고 옮겨진다는 것은 생각도 하지 못했었다.

약제내성이 미생물 간에 전달된다는 것은 플라스미드가 그 사이를 전전하고 있다는 것을 의미한다. 우리의 몸 속에는 어떤 종류의 유전자 재조합이 자연적으로 이루어지고 있다는 것이다.

이 발표가 있자 큰 반응이 일어났다. 말라리아의 경우 모기가 매개에 들어간다는 것과 마찬가지로 미생물 사이에서기는 하지만 미생물끼리도 이와 같은 것이 있다고는 당시 누구도 생각하지 않았기 때문에, "믿어지지 않는다"고 하며 한동안 학회 같은 곳에서 상대해 주지도 않았다고 한다.

거품이 없는 효모와 킬러 효모

거품이 없는 효모와 킬러 효모(killer yeast)는 모두 일본 술인 사케에서 발견되었다. 먼저 거품이 없는 효모부터 설명하겠다.

효모가 당을 알코올로 변화시키는 단계에서 거품이 많이 나온다. 이 거품이 많이 생기면 나무통에서 넘치게 되고, 그 분량만큼 많은 공간을 차지하게 되므로 경제적이지 못하다는 이유에서 거품이 생기지 않는 효모 연구가 시작되었다. 그래서 돌연변이 등을 이용하여 거품이 발생하지 않는 효모가 만들어졌다. 이 덕분에 이후 처리가 매우 쉬워졌다.

다음은 킬러 효모인데, 이것은 글자 그대로 '죽이는' 효소이다. 미생물 사이에서는 서로 상대를 죽이는 물질을 만들어 내는 것이 있다. 이 물질을 생물독(biotoxin)이라 한다.

효모 중에도 그처럼 죽이는 자가 있다. 어떤 효모는 생육하는 단계에서 특수한 단백질을 분비한다. 그 분비물에 다른 효모가 접촉하면 접촉된 효모는 죽는다. 즉 효소에 의해서 상대 활동을 마비시키게 된다.

이와 같은 현상은 옛날부터 알려져 있었는데 그것을 우연히 사케에서 발견한 것이다. 사케에서는 효모가 순수 배양에 가까운 것이지만 때로는 이종(異種)의 효모가 들어오기도 한다. 조사한 결과, 사케의 효모는 생물독 효소를 만들어 이종 효모가 생육하는 것을 저해한다는 것을 알게 되었다.

그것을 역이용하여 사케를 만들다가 발효가 이상하게 되었을 때는 킬러 효모를 넣어준다. 그러면 오염원인 효모는 죽고 사케 효모만이 살아 발효를 계속할 수 있다.

이 킬러 효모는 생물독 효소를 생산시키는 DNA를 가지고 있다. 이 킬러유전자는 플라스미드에 포함되어 있다. 그 플라스미드가 "생물독 효소를 만들라"는 지령을 주는 셈이다. 거기서 생물독을 생성하면 다른 것을 죽이는 구도이다. 이것도 또한 자연계에서 이루어지고 있는 유전자 재조합의 하나이다. 킬러유전자를 가진 플라스미드는 사케 효모 속을 쏘다니며 유전자의 교환을 반복하고 있다.

체액에서 라이소자임 발견

별로 알려지지 않았지만 유전자 재조합에서는 라이소자임(lysozyme)이라는 효소를 많이 사용하고 있다. 라이소자임이라는 효소는 미생물, 특히 대장균이나 고초균(*Bacillus subtilis*)을 녹여서 질척질척하게 하는 작용을 하므로 널리 이용되고 있다. 어떤 것에 이용되느냐 하면, 가령 대장균의 경우라면 대장균을 녹여버리고, 거기서 목적하는 DNA를 추출하는 방법에 사용된다.

이 라이소자임이 어떠한 경위로 발견되었는지 소개하겠다.

라이소자임을 최초로 발견한 사람은 페니실린을 발견한 영국의 플레밍이었다. 1922년, 그는 미크로코쿠스(*Micrococcus*)라는 구균을 실험하고 있었다. 그는 당시 감기에 걸려 있어 미크로코쿠스

그림 3.5   미크로코쿠스

가 들어 있는 실험관 속에 콧물을 한 방울 흘리게 되었다. 보통 과학자라면 그것을 버리겠지만 플레밍은 그대로 실험을 계속했다. 잠시 후 시험관 속의 미크로코쿠스가 용해되어 보이지 않게 되었다.

콧물 속에 미크로코쿠스를 죽이는 무엇인가가 있음이 틀림없다고 생각한 플레밍은 곧바로 실험을 시작했다. 그는 눈물과 타액 등 인간의 몸에서 나오는 체액을 조사해 보았다. 그러자 눈물과 타액 등 대부분의 체액에 그 힘이 있는 것을 알았다.

이것은 자연계의 이치와 관련되는 것으로서, 눈물이든 타액이든 어느 정도 살균작용이 없다면 곤란하다는 것을 의미한다. 이것들은 특히 구균에 대하여 살균작용이 있다.

체액 속의 성분을 다시 잘 조사한 결과 미크로코쿠스의 몸을 구성하고 있는 단백질을 녹이는 물질을 발견했다. 그것을 라이소자임이라 이름 붙여 1922년에 영국 왕립과학원에 보고했다.

그 후에도 여러 가지를 조사해 보니 체액뿐만 아니라 달걀흰자에도 라이소자임이 함유되어 있는 것을 알았다.

페니실린을 발견한 것은 1929년이었으므로 플레밍은 그 7년이나 전에 이상한 현상을 능률적으로 이용하여 발명으로 연결 지은 것이다. 라이소자임은 현재의 유전자 재조합에 없어서는 안 되는, 균을 녹이는 효소로 널리 이용되고 있다.

어떤 사소한 일이라도 주의 깊게 현상을 관찰하는 것이 후세에 이름을 남길 만큼의 발견으로 이어지는 좋은 예라 할 수 있다. 다만 콧물이라는 것은 전해들은 이야기이므로 우스갯소리였는지도 모르겠다.

유전자 재조합은 어떻게 이용하는가?

유전자 재조합은 응용범위가 매우 넓은 기술이다. 어떠한 것이 이용되고 있는지 잠깐 살펴보자.

의료 분야에서는 유전병 치료 등에 응용되고 있다. 유전병이 있는 어버이로부터 태어나는 아기의 유전자를 정상으로 치료하는 등, 여러 가지 방법이 모색되고 있다.

유전병은 하나 혹은 복수의 유전자가 어떤 장단에 돌연변이를 일으켜 인간이 필요로 하는 단백질을 생성하지 못하게 되기 때문에 일어나는 것으로 알려지고 있다. 그러므로 유전자 재조합 기술을 이용하여 단백질을 생성할 수 있도록 치료하는 것도 가능하지 않을까 생각된다.

또 농업 분야에서는 품종 개량에 이용되고 있다. 벼나 보리 등 주식이 되는 곡물에 단백질 합성 유전자를 재조합하여 단백질이 보다 많이 포함되는 품종을 만들어내는 데에 성공했고, 추위와 흙 속에 포함된 염분에 강하고 수확량이 많은 곡물 생산에도 이 기술은 크게 기여하고 있다.

끝으로, 미생물에 대하여 이 재조합 기술은 어떠한 의미를 갖는 것일까? 인간은 미생물에게 여러 가지 물질을 만들게 하여 그것을 이용하고 있다. 그러나 미생물은 만능이 아니므로 만들어내지 못하는 물질도 있다. 그러한 경우에 이 유전자 재조합에 의해서 미생물에게 원래는 없는 능력을 갖게 할 수 있고, 새로운 균을 만들어내는 것도 가능해졌다. 이에 대해서는 제5장에서 더 상세하게 다루기로 하겠다.

제4장

야생의
미생물들

자연계의 '야생' 미생물

지구상에는 우리가 알지 못하는 미생물이 아직 많이 존재하고 있다. 인간의 눈에 보인 적이 없는 것과 존재는 알고 있지만 배양이 되지 않는 것 등의 미생물군이 그러하다.

이미 '가축'화된 것은 미생물계의 일부에 불과하다. 오히려 가축화되지 않은, 말하자면 '야생'의 미생물이 수적으로나 종류별로 월등하게 많다. 그만큼 미생물 활용의 길은 무한하게 남겨져 있는 것과 마찬가지다.

자연계에서 미생물이 가장 높은 밀도로 분포되어 있는 장소는 지상의 광대한 토양 속이다. 논밭이나 산림의 토양에서 주택지의 마당과 베란다에 놓인 화분의 흙에 이르기까지 온갖 흙 속에는 미생물이 가득 있다. 1그램의 흙 속에는 1백만에서 1억에 이르는 미생물 세포가 존재한다고 한다.

토양 미생물 중에서 가장 많은 균종은 방선균(*Actinomycetales*)이다. 1945년에 왁스먼이 스트렙토마이신을 생산하는 방선균을 발견하고 나서 오늘날까지 여러 가지 방선균이 토양에서 분리되어 나왔다. 마당의 습한 흙을 파서 뒤집었을 때 느낄 수 있는 곰팡이 특유의 고약한 냄새는 방선균에 의해 나는 것이다.

또 바실루스(*Bacillus*)균과 클로스트리듐(*Clostridium*)균도 흙 속에서 생활하고 있다. 바실루스균은 공기가 없으면 살 수 없는 호기성(好氣性) 세균이므로 공기의 공급이 있는 표층 토양에, 반대로 클로스트리듐균은 공기가 없어도 살 수 있는 혐기성(嫌氣性) 세균이므로 공기와 접촉이 없는 토양 깊은 곳에 각각 분포되어 있다. 세균류 외에도 곰팡이, 효모 등도 많은 종류가 흙에서 발견되고 있다.

물속에서도 미생물은 살고 있다. 해양, 하천, 소호(沼湖, 연못) 등 온갖 수역에서 미생물이 발견되고 있다. 그러나 미생물의 분포 밀도는 토양에 비해서 1/10에서 1/100 정도로 낮은 편이다. 세균, 곰팡이, 효모 등 외에도 플랑크톤(plankton)과 조류도 많이 분포되어 있다. 식물성 플랑크톤과 조류는 광에너지를 이용하여 생육한다. 빛이 닿는 깊이는 해면 아래 100미터 이내이므로 해양이 얕은 곳에는 여러 가지 종류의 조류가 생존한다.

물이라고는 없는 사막이나 저온의 고산에서는 정착한 미생물은 적고, 바람에 실려 날아오는 미생물 세포가 존재하는 정도이다.

수천 미터 아래의 해저 뻘과 해저 화산의 분화구 근처에도 미생물이 살고 있다. 해저에는 생물의 죽은 세포에서 오는 유기물질과 화학에너지가 풍부한 무기화합물 등 미생물이 살아가는 데 필요한 영양원이 풍부하게 존재한다.

미생물이 살고 있는 곳은 토양과 물뿐만은 아니다. 공기 중에도 미생물이 떠다닌다. 지표에 가까운 공기 1입방미터 속에 1백 개에서 1만 개의 곰팡이 포자가 날아다니고 있다. 빵이나 떡 등을 여러 날 방치해 두면 곰팡이가 생기는 것은 낙하한 공기 중의 포자가 붙기 때문이다. 대류권 상한(上限) 부근 10킬로미터 상공에도 수는 얼마 되지 않지만 포자가 부유하고 있는 것이 확인되었다.

미생물은 이처럼 해발 수천 미터 상공에서 해면 아래 수천 미터 해저까지 분포되어 있으므로, 지구는 미생물에 덮여 있다고 해도 과언이 아니다. 동시에 우리 인간은 미생물 속에서 살고 있다고 할 수도 있다.

사실 우리의 몸은 미생물투성이다. 피부 표면에는 다양한 미생물이 부착되어 있고, 입 속과 소화관 등의 체내에도 미생물이 살아가고 있다. 이들은 각각 피부 상재세균(皮膚 常在細菌), 구강세균, 장내 세균으로 불리고 있다.

여드름 등의 농화증은 피부 상재세균이 원인이다. 그리고 무좀은 곰팡이가 원인이라는 것은 익히 알고 있다. 구강세포의 하나는 충치가 원인이다. 소화관 등에 있는 장내 세균에 대해서는 뒤에서 다시 상세하게 기술하겠다.

미생물에 둘러싸여 있는 것은 동물도 마찬가지이다. 소나 산양 같은 반추동물은 위(rumen) 속에 다양한 미생물을 사육하고 있다. 그것들을 루멘 미생물이라 부른다.

이처럼 지구상의 온갖 공간과 생물체에 산재되어 있는 야생의 미생물은 사실 저마다의 자리에서 우리가 감지하지 못하는 사이 매우 중요한 활동을 하고 있다.

공생과 기생

토양 속에는 여러 종류의 미생물이 고밀도로 생활하고 있다. 말하자면 미생물의 다민족 국가라고 할 수 있다. 거기서는 당연히 미생물 간에 다양한 관계가 발생한다.

그 전형적인 예는 두 종류의 미생물이 서로 의존하면서 생활하는 공생(共生)이다. 공생이라 하지만 양쪽 모두 유익하다고는 단정할 수 없이, 한쪽만 유리하고 다른 한쪽은 무익하거나 유해한 경우마저 있다.

양쪽에 유익한 공생관계로 많이 거론되는 것은 콩과 콩과식물의 뿌리혹박테리아(leguminous bacteria)와의 관계일 것이다. 뿌리혹박테리아는 콩과식물의 근모(根毛)에 즐겨 붙어살며 양분을 취하면서 뿌리혹을 형성한다. 한편, 공기 중의 질소를 고정하여 암모니아와 아미노산을 만들어 숙주인 식물에 공급한다.

뿌리혹박테리아는 아무 식물에나 착생하지 않고 정해진 식물에만 착생한다. 이것을 미생물의 숙주 특이성이라 한다. 그러므로 대두와 클로버의 경우 공생 미생물의 종류는 다르다.

뿌리혹박테리아와 식물의 공생은 절대적인 관계는 아니라, 식물은 뿌리혹박테리아 없이도 성장하고 뿌리혹박테리아 역시 식물에 의존하지 않고 생육할 수 있다.

공생은 미생물 사이에도 있다. 그 예를 하나 들어 보자.

플라보박테륨(Flavobacterium) 세균은 고분자 화합물인 폴리에틸렌글리콜(polyethylene glycol)을 영양분으로 하여 증식한다. 증식이 활발해져 폴리에틸렌글리콜의 분해물이 고이면 자신의 증식에 방해물이 된다. 이때 슈도모나스(Pseudomonas) 세균이 등장하여 이 분해물을 섭취하여 증식한다. 이렇게 하여 유해한 분해물이 제거되면 플라보박테륨은 다시금 증식할 수 있게 되는 셈이다.

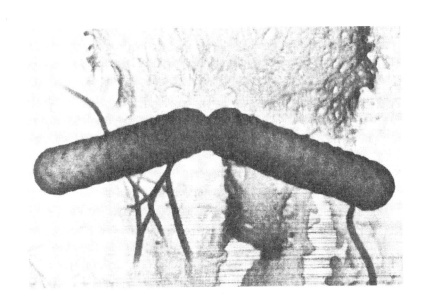

그림 4.1 슈도모나스

물속에서도 공생관계를 발견하는 경우가 있다.

물개구리밥(Azolla imbricata, 만강홍)이라는 수생 풀고사리는 흐르지 않는 정체된 물의 수면에 생육하여 그 잎사귀 면에 아나베나(anabaena)라는 남조를 공생시키고 있다. 햇빛을 받기 쉬운 잎사귀 면에 거처를 얻은 남조는 질소를 고정하고 그 산물을 숙주인 물개구리밥에 공급한다. 베트남과 타이에서는 이 수생 양치류를 물논에 재배하여 질소비료 보급에 기여하고 있다.

이제까지 설명한 공생은 쌍방에 있어 유익한 관계에 있는 것이었다. 이에 비해 한쪽 생물이 다른 쪽 생물에 전적으로 의존하는 관계를 기생(寄生)이라 한다. 병원균이 동·식물체에 감염하는 것이 그 예다. 식물 병원균은 숙주 특이성이 확실하며 특정한 식물에만 감염한다. 옥수수와 벼에서는 같은 흑수병(黑穗病)이 발병하지만 원인이 되는 곰팡이의 종류는 다르다.

기생 생물은 숙주에 대하여 바람직하지 않은 결과를 초래한다. 생물의 사체에 기생하는 것을 특히 부생(腐生)이라 한다. 표고버섯은 곰팡이의 동료인데 고사한 재목에 부생하여 성장한다. 부생은 생물 사체를 분해 처리하는 역할을 수행하고 있으므로 자연계에서는 중요한 현상이다. 미생물은 이에 많이 관계하고 있다.

모든 미생물이 다른 생물과 어떠한 관계를 가지고 있는 것은 아니고, 독립하여 생활하고 있는 것도 많다. 자연계의 미생물 생태를 해명하려면 아직 많은 연구가 필요하다.

먹이사슬과 생명농축

생물 사회를 거시적으로 보면 미생물, 식물, 동물 사이에 에너지와 물질의 흐름이 존재하는 것을 알 수 있다. 그중 하나가 먹이사슬이라는 현상이다. 생물의 종 또는 집단 사이에서 먹거나 먹히기도 하는 관계이다.

그 한 예로 해양에서의 먹이사슬을 보자. 그것을 단순화하여 표시하면 다음과 같다.

식물 플랑크톤 → 동물 플랑크톤 → 무척추동물 → 육식 척추동물 → 사람

해양에서 태어난 식물 플랑크톤을 동물 플랑크톤이 포식(捕食)하고, 그것을 무척추동물이 포식하며, 끝내는 육식 척추동물의 먹이가 된다. 그 일부를 우리는 식량으로 쓰고 있다.

미생물은 이 먹이사슬에 아무런 관여도 하지 않는 것으로 보이지만 실제는 그렇지 않다. 미생물은 생물의 사체와 배설물을 분해, 무기물화(無機物化)하여 식물 플랑크톤의 영양원을 공급하는 역할을 하고 있다.

말하자면 먹이사슬의 각 단계에서 미생물은 이 분해처리 기능을 발휘하여 식물 플랑크톤의 먹이를 생산하여 사슬의 연결 역할을 하고 있다. 못(湖)이나 늪에서는 원충류가 미생물 세포를 먹이로 하여 먹이사슬의 일원이 되고 있다.

해양의 연안부와 육수(陸水)의 호소(湖沼)에서는 하천에 운송되어 대량의 영양염이 축적된다. 질소와 인의 농도가 높아진 곳에 수온, 일조 등의 조건이 갖추어지면 식물 플랑크톤의 이상 발생이 일어난다.

매년 여름철이면 우리나라도 남해안에서부터 적조 현상이 상례처럼 나타난다. 플랑크톤의 세포수는 해수 1mL당 수천 개에서 1백만 개에 이른다.

적조가 발생한 수역은 대량의 식물 플랑크톤이 산소를 소비하기 때문에 산소가 부족한 상태가 되어 어류와 패류가 죽는 경우가 있다. 이렇게 양식어업에 큰 피해를 준 사실을 우리는 생생하게 기억하고 있다.

플랑크톤 자신도 산소 부족과 영양염을 소비함으로써 이윽고 소멸한다. 적조의 원인이 되는 식물 플랑크톤은 수역에 살고 있는 미생물이며, 이 미생물이 이상하리만큼 대량으로 증식하는 것은 수질에 변화가 생겼음을 나타내는 것이다.

대사 분해되기 어려운 물질은 먹이사슬에 동반하여 생물 간을 이동하는 사이에 그 농도가 각각의 개체 안에서 높아진다. 이 현상을 생물농축이라 한다. 요오드를 함유한 식품인 해조류는 해수 중의 요소를 약 2만 배로 농축하고 있다.

농축물질이 유해물질인 경우에는 먹이사슬의 최종 단계로 갈수록 고농도로 농축되기 때문에 최상위 생물, 특히 인간이 섭취하면 심각한 문제를 야기한다.

하천에 유입된 수은이 미생물이나 조류의 세포 안에 기착하고, 곧이어 수중의 곤충에서 어류로 옮겨갈 때마다 농축되어 사람의 몸속으로 들어가게 되며, 또 모유를 통하여 유아에게로 옮겨 가는 수도 있다.

이와 같은 생물농축이 원인이 되어 수은 중독이 발생한 사례도 허다하다. 최근에는 PCB 등의 생물체 안에서 대사되지 않는 합성 유기화합물의 생물농축이 문제가 되기도 했었다.

미생물과 물질 순환

지금까지 자연계의 '야생' 미생물은 미생물 상호간 혹은 다른 생물과 다양한 관련을 가지면서 생활하고 있다는 것을 기술했다.

다음은 야생의 미생물이 자연 속에서 어떠한 역할을 하고 있는 지 살펴보기로 하자.

　생물의 유기물을 구성하는 주된 원소는 탄소, 수소, 산소, 질소 등 4가지이다. 이들 원소가 지구상에서 어떻게 순환하고 있는지, 또 그 물질 순환에 미생물이 어느 정도 관련되어 있는지 등을 구체적으로 살펴보자.

　무기물에서 유기물로 변해가는 첫 걸음은 탄산 동화작용(同化作用)에 있다. 공기 중 및 수중에 이산화탄소로 존재하는 탄소는 우선 육지 및 해양식물이 광에너지를 사용하여 유기물로 고정한다. 공기 중에는 용량 비율로 0.03%의 이산화탄소가 존재한다. 그리고 해양에는 중탄산이온(HCO_3^-)으로 용해되어 존재하고 있으며, 그 양은 공기 중의 60배이다.

　식물이 광합성에 이산화탄소를 아무리 이용하여도 공기와 해양 중의 농도가 변화하지 않는 것은, 다른 쪽에서 끊임없이 보급되고 있기 때문이다. 육지 및 해양에서의 탄소 고정량은 합하여 연간 10^{10}톤에 이른다고 한다.

　만에 하나 보급이 끊어진다면 현재의 소비량으로 미루어 공기 중의 이산화탄소는 약 20년 후면 소실될 것이다.

　이산화탄소는 유기물이 분해됨으로써 보충되고 있다. 유기물에서 이산화탄소로 변하는 화학적 프로세스는 연소이지만 생화학적 프로세스도 있으며, 거기에 미생물이 깊이 관련되어 있다.

　식물은 광합성 반응에서 산소를 발생한다. 공기 중에는 늘 용량 비율로 20%의 산소가 존재하고 있으며, 이 농도를 일정하게 유지하는 데에도 식물이 중요한 역할을 하고 있다.

만약 공기 중의 산소 농도가 4% 상승하면 지구상의 유기물은 다 타버릴 것으로 예측된다. 아마존 강 유역의 광대한 밀림지대가 지구상의 대기 성분을 안정화하는 데 기여하고 있는 셈이다.

동물은 식물과는 반대로 호흡을 통하여 산소를 흡수하고 이산화탄소를 배출하고 있다. 미생물을 포함한 생물 전반의 호흡작용도 탄소와 산소의 순환에 공헌하고 있다. 생물의 생명활동이 끝나면 광합성 작용과 호흡작용 모두 정지하지만 생물세포 안의 유기물은 토양과 해양 미생물이 이루는 호기적 산화작용, 혹은 혐기적 산화작용에 의해서 이산화탄소로 방출된다. 이와 같이 지구상의 모든 생물은 탄소와 산소의 소비 및 보급을 하여 생명활동을 유지함과 동시에 그 균형을 유지하는 역할도 수행하고 있다.

최근 대기 중 이산화탄소의 농도가 크게 상승하였다는 데이터가 발표되어 탄소 배출량 감소에 세계가 발 벗고 나서고 있다.

이산화탄소의 농도가 상승하는 원인은 산업혁명 후의 급속한 공업 발전에 수반하여 이제까지 지하에 매장되어 탄소 순환계에서 벗어나 있던 석탄, 석유, 천연가스 등을 대량으로 소비한 데서 연유한다. 이 증가세가 앞으로도 계속된다면 그 온실효과로 인하여 지구의 온도는 더욱 상승하여 기후와 광합성에 이상이 발생하는 것을 우려하는 여론(與論)이 강하다.

질소의 순환

공기의 약 78%를 차지하는 질소 가스는 화학적으로 안정된 원소이지만 반응성이 결핍한 것이 특징이다. 지구상의 동·식물을 비롯하여, 대부분의 미생물도 공기 중의 질소를 직접 이용하지는 못한다.

그러나 생물은 암모니아나 질산염 등의 무기 질소화합물, 또는 효소, 아미노산 등의 유기 질소화합물이 된 것이라면 이용할 수 있다. 이들 질소화합물에서 단백질과 핵산 등의 세포 성분을 생합성하고 있다.

질소 순환의 제1단계는 공기 중의 질소를 생물이 이용할 수 있는 화합물인 암모니아로 변환하는 반응, 즉 질소 고정($N_2 \rightarrow NH_3$)이다.

질소를 고정할 수 있는 생물은 미생물 중에서 호기성 및 혐기성 토양세균과 뿌리혹박테리아, 광합성 세균, 남조류 등이다. 니트로게나아제(nitrogenase ; 질소 고정 효소)라는 효소를 이용하여 상온(常溫)·상압(常壓)에서 질소로부터 암모니아를 생성한다.

이에 대하여 독일에서 개발된 화학적 질소 고정법은 고온·고압 조건에서 반응시킨다. 화학 반응으로 합성한 암모니아는 화학비료의 원료가 된다.

재미있는 사실은, 공기 중의 질소는 벼락(雷)에 의해서도 고정된다는 것이다. 벼락이 많이 발생하는 해는 농작물이 풍작이라는 설도 있을 정도이다.

비료공업이 크게 발전하여 화학적 질소 고정량이 늘어난다 하여도 미생물에 의한 생화학적 질소 고정량에는 도저히 미치지 못한다. 그만큼 자연계의 미생물에 의한 질소 고정량은 방대하다.

식물과 미생물은 고정된 암모니아를 아미노산이나 그 밖의 다양한 질소화합물의 원료로 이용한다. 한편, 동물은 대사의 산물로 요소 등의 질소화합물을 배설한다. 미생물은 토양의 배설물과 동·식물의 죽은 세포를 분해하여 이산화탄소와 암모니아로 변환한다. 이것도 물질 순환에 기여하고 있는 셈이다.

자연계에는 암모니아를 아질산이나 질산으로 산화하는 반응($NH_3 \rightarrow NO_2 \rightarrow NO_3$)을 하는 미생물도 있다. 이 반응에는 산소가 필요하므로 공기가 충분히 존재하는 호기(好氣) 조건 아래서 진행한다.

암모니아를 아질산에 산화하는 미생물을 암모니아 산화세균이라 하고, 질산까지 산화하는 미생물을 질화세균이라 한다. 이들 세균은 이산화탄소를 탄소원으로 하여 질소화합물을 산화할 때 발생하는 에너지를 이용하여 생육한다. 토양 속에서 만들어진 질산염은 식물의 좋은 비료가 된다. 유기농업이 성립하는 기반이 여기에 있는 셈이다. 질산염은 물에 잘 녹기 때문에 일부는 하천으로 흘러들어 소호나 연안에 체류하고 있다.

공기 중의 질소를 생물 세포 성분, 암모니아, 질산염 등으로 변환하는 반응이 있는 한편, 이들 물질을 다시 질소로 되돌리는 반응도 있다.

이 반응을 진행하는 미생물은 질산 환원균과 탈질균이다. 질산을 환원하여 아질산이나 암모니아로 하거나 그것을 다시 환원하여 질소 가스를 배출한다. 이 최후의 반응은 토양 속에 있는 비료 성분을 제거하기 때문에 농업 생산에 마이너스가 된다. 그러나 이 반응은 지구상의 질소 순환에 있어서는 불가결한 것이다. 어떤 계산에 의하면 탈질반응으로 육상과 해상에서 유리하는 질소는 거의 같아지고 균형이 잡힌 상태로 되어 있다고 한다. 이와 같이 미생물은 질소 고정 반응과 유리 반응을 하여 지구상의 질소 수요의 균형을 유지하는 데 이바지하고 있다. 대기 중의 질소가 75%로 감소한다면 지구는 너무 차가워져 다시 빙하기로 돌아갈 것으로 예상된다.

물질이 변화해 나가는 교묘한 물질 순환 과정에서 미생물이 작용하고 있는 역할이 얼마나 큰지 알았을 것으로 믿는다. 이 밖에도 황, 인, 철, 그 밖의 원소, 농약 등 합성 유기화합물 등이 이 미생물의 산화, 환원작용으로 화학적 형태를 변화시켜 지구를 순환하고 있다. 자연계에서 미생물의 영위가 지구의 영위를 얼마나 받쳐주고 있는지 알 수 있다.

장내 세균의 역할

대장균이라는 세균이 있다. 이 세균은 포유동물의 장내 미생물군의 구성 세균 중 하나이다. 이것은 비위생 상태를 나타내는 지표로 많이 사용되는 세균이다. 장 안에서 검출되는 균종은 이 밖에도 유산균, 혐기성 및 호기성 세균이 있다.

입으로 침입한 세균이 모두 장 속에 정착한다고 할 수는 없다.

장을 통과하는 균과 장에서 사멸하는 균도 있다. 위에는 위산이 있으므로 소화관 중에서도 가장 균수가 적다. 십이지장, 공장(空腸), 회장(回腸)으로 진행함에 따라 균수가 늘어나고 직장에서 최대가 된다. 그 값은 직장 내용물 1그램당 1백만~수억 개가 된다고 한다. 분변 안에는 직장과 같은 정도의 균종류와 균수가 있다. 세균 세포 1개의 평균 용적을 1입방마이크로미터라 하면 분변 용량의 1/3은 세균이 점유하고 있는 셈이 된다.

사람의 장내 균총은 섭취한 음식물, 나이, 건강상태 등의 요인에 의해서 변화한다. 이와 같은 요인 중에서 매일 섭취하는 음식물의 영향은 매우 크다. 식사의 종류, 즉 한식이든 양식이든 장내 균총에는 그다지 차이가 없다.

식이섬유의 영향에 관하여 흥미 있는 연구가 보고된 바 있다. 식이섬유를 섭취하면 장내 구균과 혐기성 균이 감소하고 비피더스균 등의 좋은 유산균이 증가한다. 그로 인해 장 안에서 유기산의 발효가 활발하게 되고, 장 안의 pH가 떨어짐과 동시에 발암을 억제하는 것으로 알려지고 있다.

식이섬유 섭취량이 많은 지방 또는 민족은 대장암 발생률이 낮다는 것만 보아도 식이섬유와 장내 균총과 발암 사이에는 밀접한 인과관계가 있음을 인식할 수 있다.

장내 세균에 대하여 식물이 주는 영향에 관하여 또 다른 예를 들면, 살균한 발효유를 공급한 쥐는 장 안의 비피더스 균수가 10배로 증가하고 수명도 늘어났다는 데이터가 있다. 비피더스균이 생애를 통하여 장 안에서 우세하게 존재하면 연명효과를 나타낸다는 것이다.

장내 세균은 이처럼 동물에게 있어서 유익한 반면, 무균 동물이 수명이 길다는 데이터도 있다. 장내 세균이 인간에게 있어 유익한가, 아니면 유해한가? 그 결론을 간단하게 낼 수는 없다. 그러나 우리가 지구상에서 생활하는 한 무균상태를 유지한다는 것은 대단히 어려운 일이다.

루멘(rumen) 미생물

소나 산양 같은 반추동물은 소화관 안의 반추위(rumen)라는 부위에 많은 미생물이 존재한다.

반추위는 식도의 일부가 분화하여 만들어진 것인데, 그 용적은 위 전체의 약 80%나 차지하고 있다. 식후 1시간 전후가 경과하면 음식물을 입 속으로 되돌려(반추하여) 다시금 씹는다. 반추위에서는 위액이 분비되지 않으므로 음식물의 소화는 루멘 미생물의 작용에 의존하게 된다.

루멘 미생물은 세균이나 효모에서 원생동물까지 그 종류가 매우 다양하고, 세균류만도 약 30종이 늘 존재하며, 그 수를 합하면 반추위 내용물 1그램당 10억 개에 이른다고 한다.

루멘 미생물 중에는 세균이 압도적으로 다수를 차지하고 있다. 세균은 식물성 사료의 주성분인 셀룰로오스(cellulose)를 분해하거나 유기산을 발효시킨다. 이때 생성되는 포름산(formic acid), 아세트산(acetic acid), 프로피온산(propionic acid), 부티르산(butyric acid) 등은 체내에 흡수되어 에너지원이 된다. 셀룰로오스 분해물인 글루코오스(glucose)와 크실로오스(xylose)도 마찬가지로 에너지가 된다.

우리는 소가 쉴 새 없이 입을 우물거리며 타액을 흘리고 있는 것을 흔하게 보아 왔다. 소가 분비하는 타액의 양은 하루에 1.8리터 병으로 약 10병이나 된다. 이 타액은 저작(음식물을 입에 넣고 씹는 것)한 사료와 함께 반추위에 보내져 내용물을 유동화시키는 것과 pH 조절에 기여한다. 타액 속에 중조(탄산수소나트륨의 속칭)와 같은 성분인 탄산수소나트륨이 포함되어 유기산이 만들어짐으로써 pH가 떨어지는 것을 효과적으로 컨트롤한다. 반추위는 일정한 온도와 pH로 조절되는, 말하자면 자연의 발효조라고도 할 수 있다.

반추위 안에서 증식된 미생물의 세포 자체도 중요한 단백질원이 된다. 미생물 균체가 우수한 단백질이 풍부한 식량이 되고 있는 것은 이미 기술한 바와 같다.

세균은 반추동물에게 있어서 매우 중요한 미생물이다.

BOD와 COD

자연계는 환경오염에 대하여 자정작용을 한다. 이는 동물과 식물에 쾌적한 생활환경을 제공하는 데에도 공헌하고 있다. 생물 생태계의 질서를 유지하고 인간의 생활환경을 정비하는 차원에서도 중요한 작용이다. 이것도 미생물을 중심으로 하는 물질 순환작용에 힘입은 바가 크다.

　그러나 자연계의 정화능력은 무한하지 않고 어떠한 것에 대해서도 가능한 것은 아니다. 그 능력을 넘는 양의 물질은 축적되어 환경오염의 원인이 된다. 그것이 인간의 생활환경에까지 영향을 미치면 공해라는 문제로 이어진다.

　생활과 가장 밀접한 관련이 있는 수질의 오염은 심각한 문제 중 하나이다. 늪이나 연못 같은 폐쇄된 수역에 식물 플랑크톤의 영양원이 되는 질산염이나 인산염이 흘러들어 그 농도가 높아지는 것을 부영양화(富營養化, eutrophication)라고 한다. 여름철 남해안에서 볼 수 있는 적조는 수질의 부영양화가 원인이다.

　유기물은 수질오염의 또 다른 원인이다. 수역에 자생능력 이상의 유기물이 존재하면 수질의 오탁과 부패, 악취와 유해가스 발생 등 수질오염의 원인이 된다. 유기물에 의한 오염은 대량의 공장 폐수와 도시 하수가 흘러드는 것이 원인이 되는 경우가 많다.

　폐수 혹은 하천, 연못, 늪의 유기물 농도는 BOD(Biochemical Oxygen Demand, 생물학적 산소요구량)란 지표로 표시한다. BOD는 미생물이 유기물을 산화하여 분해할 때 필요로 하는 산소량을 이르는 것으로, 보통은 ppm 단위로 표시한다.

　표준측정법은 시료수에 호기성 세균을 식종하여 밀폐한 용기 속에서 20℃, 5일간 배양했을 때의 시료수에 녹아 있던 산소의 감소량으로 산출한다. BOD의 값이 크다는 것은 유기물의 농도가 높다는 것, 즉 오염의 정도가 심하다는 것을 뜻한다.

유기물의 농도를 표시하는 또 다른 지표로 COD(Chemical Oxygen Demand, 화학적 산소요구량)가 있다. 이는 유기물을 화학적으로 산화할 때 필요로 하는 산소량을 말하는 것으로, 마찬가지로 ppm 단위로 표시한다. 음료수의 유기물질을 산성의 과망간산칼륨 또는 중크롬산칼륨으로 산화할 때 사용한 산소량을 측정한다. BOD 측정에는 5일이 걸리지만 COD는 바로 측정할 수 있어 주로 사용된다.

하천 등 공공 수역에 대한 배수기준은 공해대책 기본법과 수질오염방지법에 규정되어 있다. 그에 의하면 산업 폐수에 대한 전국 일률의 BOD 및 COD의 허용값은 160ppm, 하루 평균 120ppm으로 규정하고 있다. 또 공업용수, 농업용수, 수도용수 등은 BOD 1~10ppm 이하로 유지하도록 규정하고 있다.

활성오니법

BOD와 COD가 높은 산업 폐수와 도시 하수를 그대로 공공 수역에 배출할 수는 없다. 농도가 높은 유기물이 흘러들면 산소가 많이 소비되기 때문에 혐기성 세균이 번식하여 황화수소와 암모니아 등의 악취를 내는 물질이 발생하거나 혼탁하게 된다. 그렇게 되면 생물은 살지 못하게 되어 수역의 생태계에 교란이 생긴다.

폐수 중의 유기물을 제거하여 BOD와 COD를 낮추려면 호기성 미생물의 작용을 이용한 처리법, 즉 활성오니법이라는 폐수처리법을 이용한다. 도시나 단지의 하수처리장과 공장의 폐수처리장에서는 이 방법을 쓰고 있다.

활성오니법은 영국에서 시작되었다. 1914년 맨체스터대학교에서 하수에 공기를 공급하여 순환시키면 하수가 깨끗해지는 것을 발견하였다. 다음해 대규모의 공장설비로 시험을 반복하여 실증되었다.

활성오니(活性汚泥)란 주로 호기성 세균과 원생동물의 세포가 굳어져 부정형의 블록(덩어리)을 형성한 것을 이른다. 이들 미생물이 분비하는 점성(粘性) 다당류와 젤라틴(gelatine)상 물질이 블록 형성을 촉구한다.

호기성 세균은 유기물을 섭취하고 산소를 이용하여 에너지를 얻는 동시에 세포 성분을 합성한다. 즉 폐수 중의 유기물을 물과 탄산가스 및 세포 성분으로 변환한다. 원생동물은 미생물의 세포를 먹이로 하고 있다. 또 활성오니는 그 표면에 폐수 중의 콜로이드 물질과 부유물질을 흡착하여 깨끗하게 하는 작용도 한다. 이것이 활성오니법에 의한 청정화(淸淨化) 메커니즘이다.

처리액을 가만히 놓아두면 활성오니는 간단하게 침전하여 투명한 상등액(上澄液)을 얻게 된다. 이렇게 하여 BOD와 COD를 감소시킨 상등액은 공공 수역에 방류할 수 있게 된다.

기본적인 처리공정은 다음 3단계로 이루어진다.

폐수는 먼저 조정조로 유도되어, 거기서 활성오니 생물의 생육에 적합하도록 pH를 조절하거나 영양원 농도를 조정한다. 조정이 끝난 폐수는 폭기조로 보내져 산소를 충분히 공급하여 활성오니를 활동시켜 유기물을 분해한다. 마지막으로 처리액을 침전조에 모아서 오니를 침강시켜 윗부분의 맑은 액을 분리한다. 침전 분리한 오니의 일부는 폭기조로 돌려보내 다시 한 번 이용한다.

활성오니법에서는 산소 공급이 불가결하다. 폭기조에서의 산소 공급은 통기법(通氣法), 표면교반법(表面攪拌法) 및 양자병용법(兩者併用法)의 세 방식에 의해 이루어지고 있다. 통기법은 통 바닥부에 장치한 파이프에서 기포를 분산시키는 방법이고, 표면교반법은 수면을 기계적으로 심하게 저어 섞어서 공기와 접촉시키는 방법이다. 이 방법으로 폐수의 BOD가 90% 이상 제거된다.

BOD 1000ppm의 폐수는 활성오니 처리 후에는 100ppm 정도로 떨어지며, 앞에서 서술한 배수기준에 충족하게 된다. 대량의 폐수를 효과적으로 처리할 수 있지만 폭기 교반에 동력비가 들고 폐수의 BOD 부하량과 영양원의 균형 등의 관리가 어려운 것이 단점이다.

활성오니에서 발견되는 생물은 다종다양하다. 미생물로서는 블록을 만들 때 주역인 주글로에아(*Zoogloea*) 외에 주로 아크로모박터(*Achromobacter*), 알칼리게네스(*Alcaligenes*), 바실루스(*Bacillus*), 플라보박테륨(*Flavobacterium*), 슈도모나스(*Pseudomonas*), 대장균 등의 세균이 있다. 이 외에 효모, 곰팡이, 조류도 존재한다. 세균의 세포수는 1mL당 1억 개 정도에 이른다.

원생동물은 조종벌레와 짚신벌레 등을 중심으로 하는 섬모충과 편모충류이다. 이들은 젤라틴상 물질을 분비하여 블록 형성을 촉진한다. 그 외에 윤충(Rotatoria)과 선충류(Nematoda) 등 후생동물로 불리는 다세포 생물도 있다. 이들 생물은 다음과 같은 먹이사슬의 관계에 있다.

유기물 → 세균 → 원생동물 → 후생동물

활성오니법에 의한 폐수처리는 이와 같은 먹이사슬과 물질의 순환작용을 응용하여 그것이 효과적으로 작용할 수 있도록 구성한 방법이므로 자연계의 자정작용 원리를 채용한 것이라 할 수 있다.

혐기 소화법

혐기성 소화란, 활성오니법과는 달리 혐기성 미생물을 이용하여 유기물을 분해 처리하는 방법이다. 부수적으로 메탄가스가 배출되므로 일명 메탄발효법이라고도 한다. 이 방법에 관여하는 미생물은 통성(通性) 혐기성 세균 외에 절대 혐기성의 메탄 세균이다. 소화과정은 이들 미생물의 활동 차이에 따라 산(酸, acid) 생성과정과 가스 생성과정으로 나누어진다.

유기물은 우선 통성 혐기성 세균군에 의해서 분해되어 아세트산, 프로피온산, 부티르산 등의 유기산이 된다. 소화액은 이들 산성 물질 때문에 pH가 떨어지는 방향으로 진행하지만 공존하는 메탄 생성 세균이 곧바로 이들 유기산을 이용하여 증식해 메탄가스를 만들어낸다. 이로 인해 소화액의 산성화는 모면되고 산 생성 세균과 메탄 생성 세균의 생육은 계속할 수 있다.

소화조의 크기는 처리하는 폐수량에 따라 결정되지만 최대 1만 입방미터의 용적을 갖는 것도 있다. 이것은 발효탱크로도 최대급에 속한다. 소화기간은 20~30일이다.

생성하는 가스는 메탄이 50~70%이고 나머지는 탄산가스의 조성이다. 이것을 연소시키면 도시가스에 가까운 열량을 내므로 가정용 연료로서는 충분히 사용할 수 있다.

유기물 1킬로그램에서 500~700리터의 가스가 발생한다. 소화탱크는 세균의 생육온도에 맞추어 37℃ 또는 53℃ 전후로 보온하여 둔다. 전자는 중온소화법, 후자는 고온소화법이라 한다. 생성된 가스는 이들의 온도를 유지하기 위한 열원으로도 이용된다.

혐기성 소화법의 특징은 BOD가 높은 농후 폐액의 처리가 가능하다는 점이다. 활성오니법에서 배출하는 잉여 오니와 가축의 배뇨 처리에 사용된다. BOD 제거율은 80~90%이다. 그러나 소화가 끝난 후의 상등액은 BOD의 저하가 아직 충분하지 못하므로 앞에서 서술한 호기성 처리법에 의해서 다시 처리해야 한다. 이 방법은 연료 자원을 회수할 수 있으므로 단순한 폐수처리법으로뿐만 아니라 메탄발효법으로서 최근 재평가되고 있다.

활성오니법이든 혐기성 소화법이든 많은 종류의 미생물이 공존하여 저마다 기능을 발휘한다는 점에서, 자연계의 미생물 생태계 작용을 모방한 기술이라 할 수 있다.

자원 회수에도 기여

야생의 미생물이 자연계에서 영위하는 작용을 유효하게 이용하면 이제까지 기술한 바와 같이 수질 정화와 메탄가스 생성 등 인간생활에 유용한 것이 만들어진다.

그와 같은 예는 또 있다. 미생물의 역할을 이용하여 광석에서 금속을 회수하는 것도 그것이다.

티오바실루스(*Thiobacillus*)속 세균 등의 철산화 세균과 티오바실루스속과 설퍼로버스(*Sulfurobus*)속 세균 등의 황산화 세균은 2가철을 산화하여 3가철로 하거나($Fe^{2+} \rightarrow Fe^{3+}$), 황을 산화하여 황산을 생성하는($S^{2-} \rightarrow S \rightarrow SO_4^{2-}$) 작용을 가지고 있다.

이때의 반응에너지를 이용하여 탄산가스나 탄산이온을 고정하여, 세포 증식을 한다. 이들 균은 pH 2 이하의 산성 용액 속에서도 생육할 수 있는 호기성의 독립 영양세균이다. 이로부터 만들어진 황산제이철과 황산이 광석을 침출하여 금속을 용출시키므로 그것을 침전시켜 회수한다.

이와 같은 원리에 의해 금속을 잡아내는 방법을 박테리아리칭(bacteria leaching ; 세균용출)이라 한다. 말하자면 미생물이 채광부(採鑛夫)의 역할을 하는 셈이다. 광상에 세균을 포함한 물을 살수하여 용출한 금속이온을 함유한 용액을 모아 금속을 침전시킨다.

종래의 전기제련법에 비교하면 금속회수에 시간이 오래 걸리지만 이 방법은 방대한 전력을 필요로 하지 않는 점, 반응공정과 관리가 간단한 점 등의 장점이 있어 경제적 채산이 맞지 않는 저품위 광석이나 폐광 등에서의 금속 회수에 응용된다.

박테리아리칭은 우라늄이나 망간 등의 비황화광에 대해서도 유리한 수단이다.

철산화 세균과 같은 특이한 역할은 철을 함유한 광산 폐수의 처리에도 이용되고 있다. 이것은 호기적 조건 아래서 산성 용액 중의 2가철을 산화하여 3가철로 만들고 침전시켜서 제거하는 것이다.

산소가 없는 혐기 조건에서 황산이온을 환원하여 황화수소를 생성하는 세균이 있으며, 이를 황산환원세균이라 한다.

이 세균은 황산화 세균과는 역반응을 한다. 이것도 폐수처리에 유용하다고 생각된다. 금속을 함유한 용액에 황산환원세균을 증식시키면 발생한 황화수소가 금속과 반응하여 화합물이 되어 침전한다. 이와 같은 작용을 이용하여 광산 폐수를 처리하는 연구가 진행되고 있다.

광산 폐수는 채굴 중인 광산뿐만 아니라 휴폐광산에서도 배출되므로 앞에서 기술한 철산화 세균과 이 황산환원세균을 이용하는 처리방법이 유력시되고 있다.

이제까지 기술한 미생물 응용의 일면은 발효공업에서 실시되고 있는 밀폐용기 안에서의 순수 배양과는 달리 자연환경 아래서의 혼합 배양계 미생물을 이용하여 특이한 기능을 발휘시키는 것으로, 이것도 말하자면 바이오테크놀로지의 한 성과라 할 수 있겠다.

제5장

새로운
미생물을 만든다

새로운 균을 만든다

새로운 균을 만든다는 것은 어떤 의미인가? 새로운 균을 만드는 데는 다음 두 가지 방법이 있다.

첫째, 미생물이 태생적으로 지니고 있는 능력을 더욱 높이는 것이고, 둘째, 어떤 능력이 전혀 없는 미생물에게 그 능력을 갖게 하여 새롭게 발휘시키는 것이다.

전자의 경우 이미 있는 능력을 증강시키는 것이고, 후자의 경우는 원래 가지고 있지 않은 능력을 새로 획득시키는 것이므로 새로운 유전자를 넣어주는 방법밖에 없다.

그러나 유전자 재조합의 필요성이 없다고 해서 능력을 증강시키는 쪽이 간단하다고는 결코 말할 수 없다. 우리는 불행하게도 능력을 최고조로 발휘시키는 방법을 거의 알지 못한다. 그러므로 어떻게 하면 미생물의 능력을 높일 수 있는지, 미생물의 성격과 생육조건 등에 대해 많은 연구를 할 필요가 있다.

이렇게 하는 것이 미생물에게 있어 행복이 될지, 불행이 될지는 또 다른 문제이다. 불행은 되지 않을 것이라고 생각되지만 인간에게 편리하고 유리하도록 바꾸는 것만은 사실이다.

이처럼 새로운 균을 만드는 것을 육종(育種)이라고 한다.

페니실린의 발견

먼저 능력을 증강시키는 방법에 대하여 자세하게 살펴보도록 하자. 이해하기 쉽도록 널리 알려진 페니실린에 대한 예를 들겠다.

페니실린은 페니실륨(*Penicillium*)이라는 푸른곰팡이(blue mold)로 만들어지는, 세계 최초로 발견된 항생물질이다. 이 페니실린의 발견에 관해서 유명한 일화가 있다. 제3장에서 소개한 라이소자임을 발견한 플레밍이 여기서도 주역을 맡고 있다.

그림 5.1 푸른곰팡이

플레밍이 미크로코쿠스를 연구하고 있을 때, 배양하고 있던 미크로코쿠스에 공기 중에서 푸른곰팡이가 날아왔다. 그것을 관찰하고 있자니 푸른곰팡이 주위에 바퀴 모양으로 미크로코쿠스가 전혀 생육하지 않는 것을 발견했다. 이 바퀴 모양을 저지원(沮止円)이라고 한다. 페니실륨이라는 푸른곰팡이 주위에는 미크로코쿠스가 발생하지 못하는 것이다.

이처럼 공기 중에서 다른 미생물이 날아와 그 때문에 목적하는 미생물이 거기서 생육하지 못하게 된다는 것은 미생물을 조금이라도 연구해본 사람이라면 경험한 적이 있을 것이다. 플레밍은 그것에 주의 깊게 관심을 쏟아 발견으로 이끌었다.

이미 라이소자임이라는, 미크로코쿠스를 녹이는 효소를 발견한 적이 있으므로 처음에는 푸른곰팡이가 라이소자임과 같은 효소를 배출하고 있는 것이라고 생각했을지도 모른다. 그는 조사해 나가는 과정에서 푸른곰팡이는 미크로코쿠스의 생육을 억제하는 물질을 배출하고 있다는 것을 알게 되었다. 또 그 물질은 미크로코쿠스 이외의 미생물 생육도 억제한다는 것을 알았다.

이 물질은 페니실륨속이라는 이름의 푸른곰팡이에서 발견되었으므로 그 이름을 본떠 페니실린이라는 이름으로 보고되었다. 1929년의 일이다.

그러나 이 페니실린을 의약품으로 사용한다는 생각은 당시 전혀 고려되지 않았다. 곰팡이에서 얻은 물질을 인체에 주사한다는 것은 상상도 하지 못한 것이다.

1920년대는 독일 의학의 전성시대였다. 에를리히(Paul Ehrlich : 1854~1915)가 발견하여 스피로헤타(*Spirocheta*), 트리파노소마(*Trypanosoma*) 감염의 특효약으로 알려진 살바르산(salvarsan) 등을 비롯하여 인간이 합성한 약품이 사용되었던 시대였다. 화학요법 만능시대였다고 표현하는 것이 더 적절할지도 모르겠다. 그러므로 미생물 따위가 만든, 원인도 규명되지 못한 것이 만물의 영장인 인간을 치유할리 없다 하여 버려진 것이나 마찬가지였다.

페니실린의 극적인 효과

1939년 제2차 세계대전이 발발했다. 전쟁이 시작되면 과학이 발달한다는 모순은 이때도 예외가 아니었다.

전쟁에서는 탄환에 맞아 죽는 인간의 수보다 상처가 농화하여 죽는 인간의 수가 월등하게 많았다. 전쟁이 시작된 지 얼마 지나지 않아 벌써 약제 내성의 농화균이 여기저기서 출현하였으므로 살바르산과 살균작용이 강한 설파(sulfa)제로도 대처하기 어려워졌다. 또 폐렴 등의 질병도 출현했다.

그래서 플레밍의 보고를 상기하고 혹시나 이 페니실린을 약으로 사용할 수 있을지 모른다는 생각으로 영국에서 연구가 시작되었다.

하지만 그 시기는 바로 독일이 영국에 대하여 맹렬한 공습을 퍼붓던 시기였다. 효과는 있을 것 같았지만 확신을 얻지 못한 단계에서 영국은 연구를 계속 진행하기 어려웠다.

그래서 무대는 미국으로 옮겨졌다. 제2장에 등장한 다카디아스타아제가 연구되었던 일리노이 주 페오리아가 그 무대였다. 그곳에서 페니실린 연구가 재개되었다.

연구 결과, 페니실린의 효과는 놀라웠다. 페니실린은 미생물을 죽이는 힘이 강하며 매우 효과가 있는 듯 했다.

하지만 페니실린은 인체로 테스트할 만큼의 양을 대량으로 획득할 수 없었다. 그때까지는 박테리아에 대한 작용만을 보아 왔으므로 실제로 인간에게 효과가 있는지 여부는 실험을 거치지 않고는 알 수 없었다. 그러나 푸른곰팡이는 매우 미량의 페니실린밖에 만들지 못했다.

페니실린의 대량 생산 연구가 추진되었지만 별로 성과를 내지 못했다. 인체로 실험할 수 있을 정도의 양은 좀처럼 만들어지지 않았다. 그러나 이 사이에도 전쟁터에서는 계속해서 사람이 죽어나갔다.

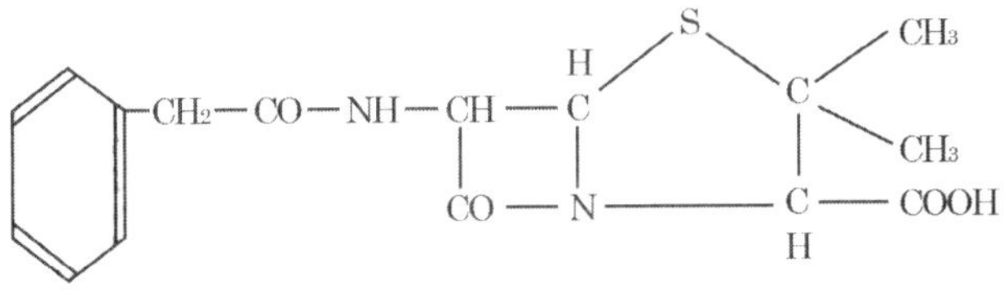

그림 5.2 페니실린 G

천연의 페니실린에는 G, K, X, F, V 등의 종류가 있다. 왼쪽 끝부분이 $C_6H_5CH_2$이면 G, $CH_3(CH_2)_5CH_2$이면 K가 되듯이, 이것이 변함으로써 페니실린의 종류가 변하면 항생물질로서의 효과도 달라진다.

그리하여 겨우 인체에 대한 실험이 시작되었다. 인체실험의 제1호는 실험을 위한 샘플을 아낀다는 취지에서 어린이로 선정되었다. 폐렴에 걸린 어린이에게 페니실린을 주사했다. 그러자 당장이라도 죽을 것 같던 아이가 하룻밤 사이에 깨끗이 치유되었다. 페니실린의 극적인 효과는 이렇게 증명되어 대량 생산에 들어갔다.

이 페니실린에 관해서 진담 반, 농담 반 같은 일화가 있다. 당시 영국 수상은 윈스턴 처칠(Winston Churchill : 1874~1965)이었다. 그 처칠이 어쩌다 폐렴에 걸렸다. 당시의 의학으로 폐렴은 생명이 걸린 위험한 질병이었다. 처칠은 위중한 상태에 처했지만 기적적으로 치유되었다. 그래서 "이것은 지금 연구되고 있는 페니실린 덕분"이라고 온 세계에 전보를 보냈다고 한다.

처음에는 미생물 따위가 만든 것이 치료에 쓰일 수 없을 것이라고 생각했었는데, 극적인 효과를 보여 대량 생산되기에 이르렀다. 사물에 대한 인간의 사고(思考)가 변하기까지에는 상당한 시간을 요한다는 것이 여기서도 입증되었다.

이러한 과정을 거쳐 의료는 항생물질 시대로 접어들게 되었다.

페니실린의 제조 능력을 높인다

페니실린의 수요는 폭발적으로 늘어났지만 공급은 여전히 낮기만 했다. 어떻게 하든 수율을 높일 방법이 없는지 여러 나라에서 필사적인 연구가 진행되었다.

미국은 균의 스크리닝(screening)을 시작했다. 플레밍이 실험에 사용한 푸른곰팡이보다 페니실린 생산력이 강한 푸른곰팡이를 찾는 데 집중했다. 그래서 국민들에게 푸른곰팡이를 보내달라고 호소했고, 페오리아에 살고 있던 한 주부가 멜론에 돋아난 곰팡이를 가져왔다. 그 곰팡이를 조사한 결과 페니실린을 많이 생산할 수 있음을 알았다. 이제까지 1리터당 0.6밀리그램밖에 만들 수 없었던 것이 240밀리그램까지 가능해졌다. 그래서 지금까지 플레밍이 사용했던 페니실륨속 푸른곰팡이를 제외하고 페오리아의 주부가 가져온 푸른곰팡이를 사용하기로 결정했다.

그래도 아직 부족한 상태였다. 그래서 이번에는 자외선과 X선의 조사, 혹은 검토하고 있는 여러 가지 약제를 사용하여 곰팡이의 돌연변이를 창출하여 생산량을 높이려고 시도했다. 미생물의 능력을 증강시킨다는 아이디어는 이것이 계기가 되었다.

페니실린 생산력을 증강한 곰팡이가 만들어지자 생산량(生産量)은 더욱 늘어났다. 돌연변이뿐만 아니라 배양방법을 바꾸어주는 것도 능력을 증강시키는 길이라고 예상하기도 했다. 곰팡이의 생육환경과 먹이를 여러 가지로 바꾸어보기도 했다. 그 결과, 생산력이 향상되어 1리터당 수 그램에까지 이르렀다.

이쯤 되자, 미국뿐만 아니라 세계 선진국들이 다투어 페니실린 연구에 몰두하여 수량 증가와 제조방법 개선에 정진했다.

당시는 정제기술(精製技術)이 현재만큼 발전하지 못했었다. 페니실린을 사용한 환자 중 열이 나거나 쇼크를 일으키는 사례가 발생하기도 했다. 그것을 조사한 결과, 페니실린 속에 푸른곰팡이의 색소가 조금 혼합되어 있는 것이 원인인 것으로 밝혀졌다. 그렇다면 푸른곰팡이가 색소를 만들지 않으면 문제는 해결될 것이므로 그에 대한 연구가 시작되었다. 오늘날에 이르러 생각하면 이것은 매우 탁월한 아이디어였다. 즉 미생물의 능력을 바꿔버리는 것이기 때문이다.

연구 결과, 색소를 만들지 않는 푸른곰팡이를 만들 수 있게 되었다. 또 능력도 증강되어 1960년대에는 플레밍의 곰팡이에 비해 4만 배나 수량이 늘어났다. 처음에는 1그램당 0.6밀리그램밖에 얻지 못했던 것이 24그램까지로 높아진 것이다. 참고로 현재는 5만 배도 넘는다고 한다.

대량 생산이 가능하게 됨으로써 페니실린은 약값도 싸지고 우리 인간의 평균 수명 연장에도 기여하게 되었다. 이 방법이 스트렙토마이신(streptomycin) 등 각종 항생물질의 대량 생산기술로 정착되었다.

미생물이 본래 가지고 있는 능력은 얼마든지 증강시킬 수 있는 모양이다. 1만 배나 2만 배 정도의 증강을 당시의 과학자들은 오늘날과 같은 기술도 없던 시대에 가능하게 하였으니 얼마나 장한 일인가.

페니실린은 유전자 재조합 기술을 보유하지 못했음에도 불구하고 당시 생각할 수 있는 최고의 기술을 구사하여 4만 배나 수율을 늘린 성공 사례이다.

사케(일본 술) 이야기

　사케의 제조는 고대부터 메이지시대 초반까지 당시의 일본으로 서는 큰 화학공업이었다.

　사케는 쌀로 만들지만 그에 대한 문헌은 찾아보기 힘들다. 술에 관하여 쓴 책이 여러 권 있지만 문학이나 정치적인 것에 관한 내용뿐으로, 그 제조법에 관한 화학적, 기술적인 문헌은 거의 없는 상태라고 한다. 굳이 예를 든다면 『어주일기(御酒日記)』가 대표적인 것으로, 약 470년 전에 쓰인 것이라고 한다.

　각설하고, 이 사케의 제조기술에는 어떠한 특징이 있는 것일까? 그 기술 속에는 일본 사람들의 인생관과 그들의 조상이 쌓아온 화학기술 이 모두 결집되어 있다고 자랑한다. 특징으로는 세 가지를 들고 있다.

　첫째, 누룩의 순수 배양, 즉 쌀누룩을 만드는 것이다. 국옥(麴屋 : 기쿠야, 누룩집)은 종국(種麴)이라는 것을 만들어 일본 전국의 주조업자에게 판매했었다. 둘째, 사케 효모의 순수 배양이다. 당을 알코올로 바꾸는 데 사용되는 효모를 470여 년 이전부터 배양 했다고 한다. 셋째, 1861년에 파스퇴르가 살균이라는 생각을 제기 하기 이전에 '불넣기'라고 하는, 지금으로 말하면 저온살균 기술이 확립되어 있었다는 것이다. 파스퇴르가 가열살균 기술을 확립한 시기보다 200년이나 앞서, 술을 운반할 때 부패되지 않도록 '불넣 기'를 하여 통에 넣어 송달하는 법을 알고 있었다 하니, 어디까지 믿어야 할지 고개가 갸웃거려진다.

왜 누룩을 순수 배양하는가

　누룩곰팡이의 순수 배양은 사케 제조 중에서도 가장 **출중한** 기술이라고 할 수 있다. 앞에서 기술한 바와 같이 일본에는 국옥이라는 특별한 업자가 있어, 거기서 순수한 누룩을 대대로 이어 만들어 왔다.

　누룩곰팡이는 쌀 위에서 발생한다. 이때 찐 쌀에 재를 섞어 사용한다. 이때 사용하는 재는 어떤 문헌에 의하면 교토 야세의 남쪽 경사면에 자라고 있는 나무를 태워서 만든 재를 섞으면 좋다고 한다. 이것은 어느 정도 이치에 부합되는 것으로, 재를 혼합함으로써 쌀은 알칼리성(alkaline)이 되고, 또 태운 재에서 나오는 미네랄(mineral)로 곰팡이의 포자(spore)가 만들어지는 비율이 높아진다.

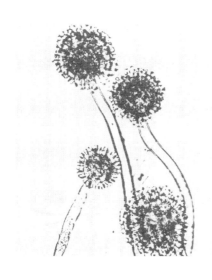

그림 5.3 누룩곰팡이

쌀이 알칼리성이 되면 잡균이 침입하지 못하므로 누룩곰팡이는 생육하기 좋아진다. 이렇게 하여 대대로 계속 심어 나가면 깨끗한 누룩곰팡이가 만들어진다. 그리고 그 누룩곰팡이의 포자만을 모아서 술집에 판매한다. 종국을 판매한다는 것은 유럽 지역에서는 볼 수 없는 현상이다. 참고로, 포자라는 것은 떡 위에 생긴 곰팡이가 푸르게 보이는 부분이다. 이 포자를 술집에서는 찐 쌀 위에 섞어 녹말을 분해하여 당화한다. 거기에 효모만 넣으면 술이 되지만 일본에서는 이 단계에서 특히 효모를 섞지 않는다. 그러나 실제로는 순수한 효모가 발생한다.

효모를 혼합하지 않는데도 어떻게 발생하게 되는 것일까?

일본에서 쌀이 성숙되는 철은 가을이다. 그리고 술을 담그는 것은 겨울이다. 당연히 기온이 낮아졌으므로 효모는 거의 생육하지 못한다. 거기에 최초로 생겨나는 것은 유산균이다. 유산균이 발생하면 전체적으로 pH가 산성이 된다. 박테리아의 미생물은 산성에서는 죽는다. 누룩곰팡이도 최후에는 물론 죽는다. 사케의 효모만이 살아남는다.

이대로 방치하여 두면 식초가 될 뿐이므로 온도를 높여준다. 통에 온수를 넣고 그것을 큰 나무술통 속에 띄운다. 그렇게 하면 전체적으로 온도가 오르고, 유산균은 온도가 높으면 죽는다. 효모는 반대로 온도가 높아야 유리하므로 점점 생육한다. 최종적으로 거의 100%에 가까운 효모덩어리가 된다. 그것을 사용하여 알코올을 발효시키는 것이다.

교묘한 경합을 하여 살아있는 생물의 자연계 법칙을 효과적으로 이용하여 효모를 순수 배양하고 있는 셈이다.

일본 정부는 소위 메이지유신 이후 뒤처진 화학을 빨리 발전시키기 위해 외국에서 많은 교사를 초빙해 왔다. 그중 로버트 애킨슨이라는 사람이 있었다.

그는 사케를 조사한 결과 100% 순수한 효소를 발견하였다. 이것은 그의 입장에서 보면 믿기 어려운 일이었다. 그 당시로서는 당연한 것이지만, 벌거벗은 남자들이 뛰어다니는, 그다지 청결해 보이지 않는 장소에서 살균이 될 리가 없을 것이라고 생각하였음에도 불구하고, 그렇게 깨끗한 효모가 만들어지는 것은 어떤 이유에서인지에 대해 그는 큰 의문을 가졌다고 한다.

그래서 그는 사케의 제조과정을 검증하기 시작했고, 누룩곰팡이를 배양하는 과정은 있지만 당을 알코올로 변환하는 과정에서 효모로 전환되는 모습은 보지 못했다. 그래서 그는 "사케 제조에서는 누룩곰팡이가 효모로 변신한다."는 내용의 논문을 쓰기도 했다. 오늘날에 와서 생각해보면 이상한 이야기지만 일본 사람들은 애킨슨이 매우 놀랐다는 증거로 이 논문을 거론하고 있다.

사케의 제조는 미생물의 능력을 최고조로 이용하는, 이후의 아미노산 발효로 이어졌다.

아미노산 발효

아미노산 발효도 미생물의 능력 증강에 의해서 큰 혜택을 받고 있다. 아미노산 발효는 일본에서 먼저 발견되어 세계로 수출된 것인데,

당시로서는 진귀하고 또 혁신적인 기술로 평가되었다. 그래서 그런지 현재까지도 일본의 아미노산 발효는 다른 나라의 추종을 불허할 정도로 높은 기술력을 가지고 있다.

일본에서는 제2차 세계대전 이전부터 아미노산 발효를 이용하여 화학조미료의 원료인 글루탐산소다를 제조하여 왔다.

당시 글루탐산소다는 대두의 단백질을 분해하여 생성했었다. 하지만 제2차 세계대전으로 인해 일본에 대두가 들어오지 않게 되었다. 하지만 글루탐산소다는 수요가 많고 가정에서도 조미료로 쓰는 것이었다. 우리나라의 6·25 전쟁 때 한국과 일본으로 많은 미군 병력이 들어오고 그들의 비상식량으로 공급된 통조림 속에는 글루탐산소다가 들어 있어 '맛있다'는 호평이 일어 수요가 더욱 확대될 것으로 예상되었다.

그래서 대두를 원료로 사용하지 않고, 값도 싸며, 게다가 대량으로 만드는 방법이 모색되어 미생물 이용을 착안하게 되었다.

어떤 종의 미생물은 균체 안에 미량이기는 하지만 글루탐산소다를 만든다는 사실을 알게 되었다. 그러나 글루탐산은 단백질을 만드는 중요한 아미노산이다. 그런 중요한 물질을 몸 밖에, 그것도 대량으로 버릴 정도로 만들 것이라고는 누구도 생각하지 못했었다.

생물의 생리작용에 있어서 중요한 것은 필요한 만큼만 만든다는 것이 일반적인 사고방식이었다. 생물은 본래 경제적으로 만들어져 있어 불필요한 것은 생성하지 않는다는 것이 모든 사람들의 공통된 생각이었다.

이런 생각을 일본의 한 발효회사의 연구실 사람들이 보기 좋게

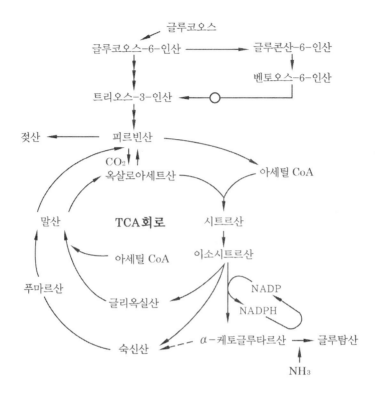

그림 5.4 글루탐산의 생합성 경로

모든 아미노산은 서로 밀접하게 관련을 맺고 있다. 이 대사경로를 컨트롤함으로써 여러 가지 아미노산을 만드는 것이 가능해졌다. 글루탐산의 생합성 경로로부터 여러 가지 아미노산을 만들 수 있다.

뒤집어 놓았다.

글루코오스는 올리고당과 녹말 등을 산으로 가수분해함으로써 생성된다. 글루코오스에서 글루탐산을 만든다는 것은 녹말에서 아미노산이 생성된다는 뜻이기도 한다.

이들은 페니실린의 경우를 염두에 두고, 극히 미량이라도 글루탐산을 생성하는 균이 존재한다고 하면 그 이상 많은 양을 만들 미생물이 어딘가에 있을 수도 있지 않을까 하여 스크리닝을 시작했다.

일본 각지에서 토양이 수집되어 수많은 미생물이 분리되었다. 그리고 그것들을 모두 배양하여 글루탐산을 만들고 있는지 여부를 페이퍼크로마토그래피(paper chromatography)라는 방법으로 조사해 나갔다.

여기에는 많은 노력과 시간이 필요했다. 그 결과 박테리아의 일종인 코리네박테륨(*Corynebacterium*)이 자기 몸을 구성하는 소재인 글루탐산을 체외로 계속 분비하고 있다는 사실을 알게 되었다.

생물은 일반적으로 자신을 구성하는 물질을 공연히 분비하거나 하지 않으므로 이것은 극히 신기한 현상이었다. 이 경우에는 비오틴(biotin)이라는 비타민 등이 원인이었다.

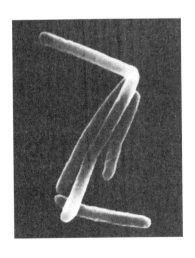

그림 5.5 코리네박테륨

글루탐산은 코리네박테륨의 체내에서 합성된다. 그러나 글루탐산은 체내에서 분해되어 여러 가지 것으로 변화해 나간다. 그 변화해 나가는 몇 가지 계(系)의 반응이 억제되고, 그 때문에 글루탐산이 많이 만들어진다는 사실을 알게 되었다. 이것은 자연이 만든 일종의 변이주(變異株)이다.

그들은 박테리아를 이용하여 공업화에 성공한 것이다.

다른 아미노산도 생성 가능

당시까지 아미노산의 대사 순번은 조사되었지만, 학자들은 모든 아미노산이 각각 서로 밀접한 관련을 갖고 분해하거나 합성되기도 한다는 것을 조사했다. 즉 미생물 쪽의 대사경로를 효과적으로 컨트롤하면 글루탐산뿐만 아니라 다른 아미노산도 생성이 가능할 것이라고 생각한 것이다.

그래서 코리네박테륨에 여러 가지 변이를 일으켜서 리신(lysine)이라는 아미노산을 만들게 하는 것도 가능하게 되었다. 지금까지 글루탐산을 만들던 계를 글루탐산을 리신으로까지 변화시킬 수 있었다. 리신은 인간의 필수 아미노산 중 하나이다.

이 기술은 세계가 주목하여 많은 수출도 이루어졌다.

이렇게 하여 일본의 발효회사는 아미노산 발효라는 특별한 발효양식을 만들어 내었다.

그들의 연구는 매우 큰 의미를 가진다. 이제까지는 목적하는 것을 만드는 능력을 증강시키는 것이 고작이었지만 돌연변이를 부여함으로써 지금까지 A라는 물질을 만들고 있던 미생물에게 B 혹은 C라는 물질을 만들도록 하는 것이 가능하다는 것을 발견했으니 말이다.

이것은 인간이 미생물을 제어할 수 있다는 것을 의미하기도 한다. 그것이 공업적으로 성립된다는 생각은 당시로서는 획기적인 모험이었을지도 모른다. 게다가 미생물에게 공급하는 먹이, 온도, pH 등의 환경조건을 약간만 바꾸어 주면 되었다니, 미생물 컨트롤은 큰 설비나 기술이 없이도 가능했다는 것이다.

사케 제조에서 효모를 생육하는 과정이 이에 해당한다. 환경을 약간씩 변화시킴으로써 처음에 유산균이 들어 있던 것을 효모가 생육하기 쉬운 환경으로 바꾸고, 알코올 발효가 가능하게까지 했다.

그와 마찬가지로 지금까지 글루탐산을 만들게 하였던 것을 리신을 만들도록 바꾸는 것도 가능하다. 그들은 미생물이라는 것은 만능이며 몇 가지 조건만 바꾸어 주면 우리가 목적하는 것을 만들게 할 수 있다는 것을 발견했다. 미생물의 대사를 컨트롤하여 발효시킨다. 이것을 대사제어발효라고 한다.

다른 나라 이야기라 해서 건성으로 읽고 넘길 일이 아니다. 자그마한 노력들이 모여 큰 성과를 이루어내듯, 최선을 다해 노력하면 길이 열리게 된다.

특히 아미노산 발효라는 발상은 생물에 대한 생각을 바꾸어 놓았다.

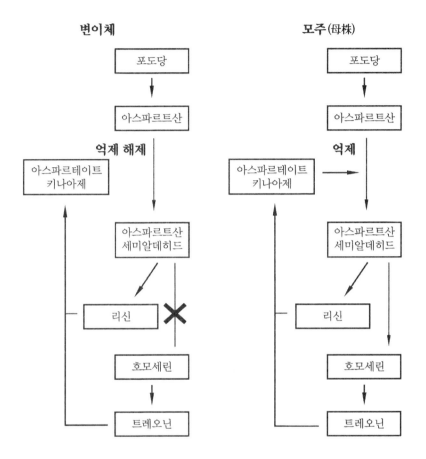

그림 5.6 리신의 생산과정

모주(母株)는 아스파르테이트키나아제가 아스파르트산에서 아스파르트산 세미알데히드를 만드는 계를 억제하기 때문에 생각대로 리신이 생산되지 못했다. 변이주에서는 이 계의 억제가 제거되어 리신을 생성할 수 있게 되었다.

생물에 있어서 주요한 물질은 결코 넘치게 만들어내지 않고, 미생물은 결코 낭비적인 생성은 하지 않는다는 생각을 아미노산 발효가 뒤집어엎은 셈이다. 그리고 미생물을 어느 정도 인간의 의도대로 바꾸는 것이 가능하다는 것을 제시했다.

정리하는 의미에서 반복한다면, 미생물의 능력을 바꾸는 방법은 돌연변이를 이용하여 물질 A에서 물질 B로 흘러가버리는 계를 억제하는 방법이 고안되었다는 것이다.

A에서 B로 변화하여 나가는 것을 억제하게 되면 B는 만들지 않고 A만 많이 쌓이게 될 것이다. 반대로 A에서 B로 가는 흐름을 강화시켜주면 A는 거의 생성하지 않고 B를 많이 만드는 것이 가능하게 된다는 셈이다.

돌연변이를 이용함으로써 이와 같은 일이 가능해졌고, 그 돌연변이를 더 돕는 뜻에서 환경을 능동적으로 컨트롤함으로써 회수량을 높이는 것이 가능해졌다. 이것은 1956~1960년의 일이니 이젠 옛이야기나 다름없다. 미생물도 점차 우리의 의사대로 부려먹을 수 있는 가축화 시대로 접어드는 느낌이다.

없는 능력은 키울 수 없다

이것은 단지 미생물의 능력에 대해서만 말할 수 있는 것인데, 최초에 발견되었을 무렵의 미생물과 인간이 손을 가해온 미생물을 비교하여 보면 전문가가 보아도 원래는 같은 미생물이었다고는 도저히 믿어지지 않을 정도로 다른 미생물로 변했다고 한다. 이런 사정을 알지 못하고 보면 전혀 다른 미생물이라고 판단할 수 있다는 것이다.

현재 응용미생물학에 관여하고 있는 사람들의 공통된 철학이 있다고 한다면 다음과 같은 점일 것이다.

"미생물에 조금이라도 그 능력이 있다면 그것을 얼마든지 증강시킬 수는 있다. 그러나 그 능력이 없는 것, 혹은 그 능력의 성질이 좋지 않은 것에 대해서는 불가능하다."

예를 들면, 열에 안정하지 못한 효소를 열에 안정시키는 것은 지금까지의 방법으로는 되지 않는다. 이것은 능력의 증강에는 해당되지 않는다. 능력을 변화시키는 것이 되므로 그것은 불가능하다는 것이다.

그러나 극히 일부분이라도 열에 안정된 것이 있다면 그 능력을 발전시키는 것은 얼마든지 가능하다. 이것이 미생물학자들의 철학이다.

지금까지 능력을 증강시키는 것에 대해 얘기했다. 이제 미생물에게 새로운 능력을 갖게 하는 방법에 대해 살펴보자.

없는 능력을 갖게 하려면

미생물에게 본래부터 갖고 있지 않은 능력을 새로 갖게 하기 위해서는 유전자 재조합밖에는 방법이 없다.

유전자 재조합이라는 것은 자연계에서도 일어나고 있다. 옛날의 실험 중에서도 이제 와서 생각해 보면 유전자 재조합의 원리를 이용했을 것으로 보이는 실험들이 있다.

예를 들면 1944년에 실시된, 폐렴을 일으키는 뉴모니아(pneumonia)균에 의한 실험이 그러하다. 뉴모니아균은 폐렴쌍구균(*Diplococus pneumoniae*)이라고 하는데, 이 균은 모두가 폐렴을 야기하는 것은 아니고 폐렴을 일으키는 균과 그렇지 않은 균이 있다. 하지만 폐렴을 일으키는 균과 일으키지 않는 균을 혼합하여 두면 모두 폐렴을 일으키게 된다. 연구 결과, 폐렴을 일으키는 균을 갈아 부순 다음, 거기서 추출한 DNA를 폐렴을 일으키지 않는 균에 섞어주면 폐렴을 일으키게 된다는 것이 판명되었다. 당시는 유전자 재조합이라는 개념 따위는 없었으므로 원인은 알지 못했다.

그러나 폐렴을 일으키는 균의 DNA가 일으키지 않는 균 속으로 들어가 폐렴을 일으키는 균으로 변했다는 것은 현재의 우리가 보기에는 명백한 사실이다. 이와 같은 유전자 재조합은 자연계에서 빈번하게 일어나고 있다.

1961년에 R인자, 약제 내성인자가 발견되었다. 제3장에서 기술한 바와 같이 이 약제 내성인자는 각종 생물 사이를 쏘다니며 그 성질을 남기고 가는 것이 확인되었다.

그 결과, 그 성질을 가진 대부분의 미생물은 자손을 남기므로 약제 내성의 미생물이 태어난다. 이것은 유전자 재조합이 자연계에서 일어나고 있음을 최초로 나타낸 것으로, 중요한 발견이었다. 또 개중에는 대장균처럼 미생물 사이에 수컷과 암컷의 관계가 있는 것도 있다.

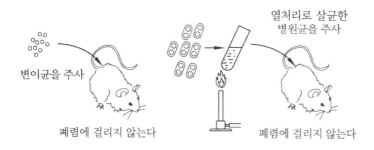

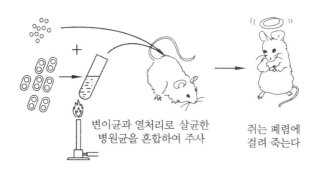

그림 5.7 폐렴쌍구균을 사용한 형질전환

폐렴을 일으키지 않는 성질의 변이균과 열처리로 살균한 병원균을 혼합하여 쥐에 주사하면 쥐는 폐렴에 걸려 죽었다. 이것은 폐렴을 일으키는 병원균의 DNA가 일으키지 않는 균 속으로 들어가 폐렴을 일으키는 균으로 변한 것이다. 자연계에서도 유전자의 재조합은 이루어지고 있는 것이다(형질전환).

미국의 미생물학자인 레더버그는 접합이라는 개념을 제창했다. 즉 수컷과 암컷이 교배하여 서로의 형질이 자손에 대개 유전된다는 것이다. 이것도 따지고 보면 자연계에서의 유전자 재조합의 일종이다. 이 접합에 의한 유전은 그것이 유효한 경우도, 반대로 미생물에게 있어서 나쁜 경우도 있다.

생물 중에서 가장 단순한 생명체로 파지(phage)라는 것이 있다. 미생물의 바이러스라고도 할 수 있는 파지는 자연계의 유전자 재조합을 스스로 실시하고 있는 생물이다. 예를 들어 람다 파지 (lambda phage)는 대장균에 감염하여 꼬리를 대장균에 찔러 넣고 유전자를 주입한다. 그리고 이 유전자가 대장균 세포에 명령을 내려 새끼 바이러스를 만들도록 한다. 새끼 파지는 대장균을 속에서 파먹고 밖으로 나간다.

그러나 보통은 바로 새끼를 만들거나 하지 않고, 대장균의 염색체 속에 침입하여 꼼짝도 하지 않고 때가 오기만을 기다린다. 이때 람다 파지의 유전자는 대장균 염색체의 어떤 정해진 장소에만 비집고 들어간다. 이렇게 하여 파지는 유전자 재조합을 실시함으로써 자손을 남기게 되는 것이다.

미생물에게 이제까지 없었던 형질을 심어 넣는 유전자 재조합은 자연계에서 항상 일어난다. 그러므로 유전자 재조합 기술은 자연계에서 일어났던 것을 인공적으로 가능하게 한 것이라 할 수 있다.

유전자 재조합과 종(種)의 벽

　1972년, 인공적인 유전자 재조합의 가능성이 미국 스탠퍼드대학교의 코언과 캘리포니아대학교의 보이어에 의해서 증명되었다.

　자연계에서도 유전자 재조합은 이루어지고 있다. 그렇다면 인공적으로 유전자 재조합을 하는 의미는 어디에 있는 것일까? 그것은 종(種)의 벽을 넘어 유전자를 옮기는 데 있다. 종의 벽을 넘은 유전자 재조합을 이종(異種) 유전자의 재조합이라 한다.

　그렇다면 종의 벽이란 무엇인가? 예를 들어, 인간은 인간밖에 생산하지 못한다. 다른 동물은 결코 낳을 수 없다. 이것은 종의 벽이 있기 때문이다. 식물을 상대로 그 어떤 연구를 해도 동물의 유전자는 옮길 수 없다.

　하지만 어떤 경우에는 이 종의 벽에 구멍이 뚫려 조금은 벽을 넘어 유전자를 옮기는 것이 가능해졌다. 이것이 우리가 말하는 유전자 재조합 기술이다.

　하지만 이 종의 벽을 넘어간 유전자가 반드시 공장을 능률적으로 가동시킨다고는 단언할 수 없다. 유전자 공장의 예에, 이종 유전자를 받아들이지 않는 차별이 존재한다고 한다.

　컴퓨터의 프로그램에 해당하는 부분에 방언이 지나치게 많아 그것을 읽을 수 없는 경우가 왕왕 있다고 한다. 즉 결국은 종의 벽을 넘을 수 있는 것만이 움직이고 있어, 모두 벽을 넘게 되는 것은 아니라는 것이다. 이종 유전자 중 극히 일부만 넘을 수 있게 되었을 뿐이다.

유전자 재조합 기술에 의해서 새로운 능력을 가지게 하는 것은 부분적으로 가능해졌다. 그러나 어떤 능력이든 새로이 갖게 할 수 있느냐 하면, 미생물 사이라도 모든 것이 가능하다고는 할 수 없다. 현재의 기술로는 아직 부족하다. 그러므로 유전자 재조합 소식이 처음 전해졌을 때의 흥분 같은 것은 이제 없다.

예를 들어, 인간과 원숭이의 유전자를 뒤섞어 인간과 원숭이의 혼혈을 만드는 것은 현재의 기술 단계에서는 불가능하다. 대장균에 인간의 DNA를 넣으면 대장균의 모습이 변하느냐 하면, 현실적으로 그런 일은 일어나지 않는다. 종의 벽을 넘을 수 없기 때문이다. 그러나 앞으로 50년, 100년이 지나도 무리일지는 알 수 없다.

새로운 능력을 갖는 균을 만드는 것은 어느 정도까지는 가능하게 되었다. 그래도 불가능한 것이 있다는 사실을 기억해두기 바란다.

유전자 공장의 종류 — 대장균

제3장에서 DNA에서 메신저 RNA가 만들어지고, 그것이 리보솜이라는 컴퓨터를 컨트롤하여, 그 공장에서 여러 가지 단백질을 만들고 있다고 기술한 바 있다. 이것이 말하자면 유전자 공장이다.

자, 그렇다면 그 공장은 우리 뜻대로 가동해 줄 것인가. 유감스럽게도 그렇지가 않다. 어느 정도까지는 컨트롤이 가능하지만 어느 시점까지 오면 돌연히 멈춰서 움직이지 못하게 되는 경우가 흔하다.

우선, 어떤 공장이 있는지 종류를 들어 보자. 가장 유명한 것은 대장균일 것이다. 처음 레더버그가 사용한 대장균 K12주가 많이 연구되고 있다는 이유에서, 유전자 공장의 이용 연구에 사용되었다. 대장균은 그 DNA의 50% 정도밖에 알고 있지 못함에도 불구하고 우리에게 있어서 가장 다루기 쉬운 미생물이다.

이 대장균의 DAN 길이는 1.8밀리미터인데, 이 속에 약 4천 개정도의 프로그램이 들어 있다. 그중에서 연구자들이 알고 있는 것은 약 1000개 정도라고 앞에서 기술하였으나 연구가 성과를 거두어 더 많은 것들을 알게 되었다.

대장균 공장이 요구하는 것을 들어주는 프로그램도 조금씩 해명되고 있다. 여기서 알게 된 사실은 대장균만큼 여러 가지 DNA를 읽어주는 생물은 없다는 것이다.

이것은 종의 벽이 비교적 낮다는 것을 의미한다. 대장균은 다른

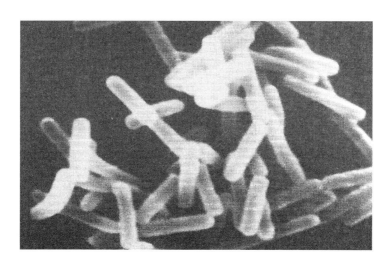

그림 5.8 대장균

프로그램도 곡해 없이 읽을 수 있다는 것이다. 그러므로 인간의 유전자도 대장균이라는 공장의 컴퓨터는 읽어준다.

대장균은 이종의 DNA를 비교적 너그럽게 몸속에 유지하고 있다. 즉 대장균은 이종의 DNA에 대하여 매몰차지 않다. 문간방을 빌렸다 안방을 차지하는 수도 있다. 본래 있어야 할 DNA를 쫓아 내고 이종의 DNA가 자리를 차지하고 있는 경우도 왕왕 있다. 이 종의 DNA를 너그럽게 받아들인다는 것은 공장으로 이용할 때 매우 편리하다.

그러나 이 대장균 공장에도 단점은 있다. 우선, 대장균의 1리터 당 균체량, 생육량이 적다는 사실이다. 다시 말하면 수량이 다른 미생물에 비해 낮다는 것이다. 대략 1리터당 20그램밖에 생산하지 못한다. 효모는 100그램 정도 생산한다.

또 대장균이라는 것은 대부분 균체 안에 만든 물질(대부분 효소 단백질)을 분비하지 않는다. 이것이 유전자 공장으로서의 가장 큰 단점이다.

대장균은 만든 것을 모두 몸 안에 모아 둔다. 말하자면 공장이 생산품을 일절 출하하지 않고 저장해 둔다는 것이므로 언젠가는 터져버릴 것이다. 목적하는 물질을 많이 만들게 하려고 해도 대장 균 한 마리의 균체 크기 정도밖에 만들 수 없다.

다른 미생물은 만드는 그 자리에서 바로 균체 밖으로 분비하므 로 얼마든지 더 만들게 할 수 있다. 최근에 이르러 대장균이 만든 물질을 분비하게 하는 것이 가능해졌다. 이 문제는 언젠가는 해결

될 것이라고 한다.

분비하지 않는다는 것은 생산물의 정제(精製)와도 관계가 있다. 대장균의 세포막은 그 속에 발열성 물질을 함유하고 있다. 대장균은 균체를 막으로 덮고 있지만 대장균을 갈고 부수어 정제하면 그 발열성 물질이 미량이지만 혼합되는 경우도 있다. 정제기술이 정교하다면 문제가 없겠지만 앞에서 기술한 바와 같이 정제는 매우 어려운 기술을 요한다.

순수하게 화학적으로 본 경우에 대장균은 매우 좋은 미생물이고, 유전자 공장으로서도 최적이라 할 수 있다.

그러나 바이오테크놀로지로서 봤을 때, 테크놀로지로서의 측면, 다운스트림(down-stream) 문제가 남는다.

대장균은 공학적 혹은 응용미생물학적으로 볼 때는 경제성이 없는 미생물이다. 공장으로서는 무엇에든 사용할 수 있지만, 출하체제가 갖추어져 있지 않은 것이 문제이다. 이와 같은 대장균을 사용하여 바이오테크놀로지를 발전시키려 했던 것에 모순은 있다. 물론 연구자는 이 점을 유의하고 있겠지만 달리 방법이 없다.

생성물을 분해하는 고초균

다음 공장은 고초균이라는 미생물이다. 고초균은 일본 사람들이 즐겨 먹는 낫토(納豆)를 만드는 미생물로 알려져 있다.

대장균과는 달리, 이 균은 포자를 만든다. 포자는 미생물의 알이라고 생각하면 된다. 이 포자는 열이 가해져도 죽지 않도록 몸을 지키고, 적당한 온도에서 생육, 성장한다. 그래서 대장균보다는 고등 생물이라 할 수 있다.

고등 생물인 만큼 종의 벽이 높다는 단점이 있다. 즉 다른 곳에서 들어온 이종 유전자를 쫓아내는 배타적인 측면이 있다. 여러 가지를 만들게 하려고 이종 유전자를 넣어도 어느 사이엔가 그것이 배제되어 있다. 이것을 가리켜 "플라스미드(plasmid)가 불안정"하다고 한다.

연구자들이 만들려는 물질의 대부분은 단백질이다. 고초균은 상당한 수량의 단백질을 생성한다. 하지만 애써 만든 단백질도 곧바로 분해하여 버린다면 근본도 자식도 있을 수 없다. 미생물이 프로테아제(protease)를 만들어 분비해 버린다면 의미가 없다. 이 고초균은 매우 강한 분해효소를 분비해 자기가 만든 단백질을 분해하여 버린다.

그래서 고초균 중에서 단백질 분해효소가 약한 것이나 혹은 전혀 분비하지 않는 것을 찾기 위해 스크리닝하고 있지만 아직 발견하지 못했다. 고초균을 공장으로 사용하는 경우 이 두 가지가 단점이다.

예를 들어 미생물 공장에서 세제용 프로테아제를 만들게 한다고 하자. 현재 공장으로 사용하는 미생물에 1리터당 15~20그램 정도 만들게 하고 있다. 참고로 인슐린(insulin)의 경우 20그램 정도이다. 만약 유전자 재조합으로 능력을 바꾼 미생물에게 1리터당

20그램 이상 만들게 할 수 있다면 그것은 바이오테크놀로지의 승리라 할 수 있을 것이다.

고초균은 그것이 가능할지도 모르지만, 만들어내는 한편에서 바로 분해해 버리므로 공장으로서 정상 작동시키기는 어렵다고 본다. 그러나 종의 벽 때문에 이 고초균이 아니면 만들 수 없는 물질도 있다. 그 경우에는 부득이 고초균으로 하여금 만들도록 하지만, 매우 낮은 수량은 감수해야 한다.

장점도 있다. 대장균과는 반대로 고초균은 균체 밖으로 생산물을 분비한다. 이것은 몸의 표면 구조가 다르기 때문이다. 대장균의 표면 구조는 3층의 막으로 되어 있는 반면, 고초균은 2층이다. 마지막 한 장이 없기 때문에 생산물이 밖으로 분비될 수 있는 것이다.

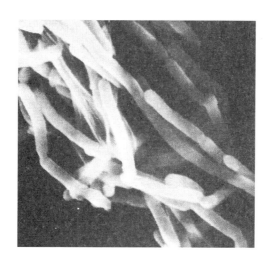

그림 5.9 고초균

효모 — 진핵생물의 대표

다음은 효모이다.

효모는 앞에서 기술한 두 미생물과는 아주 달리 세포 속에 핵이 있다. 대장균, 고초균은 원핵생물(prokaryote)이라 하여, 유전자가 어디에 존재하는지 알 수 없게 되어 있다. 유전자가 몸 안에 용해된 상태로 되어 있어 얼핏 보아서는 알 수 없다. 효모의 경우는 세포 속에 마치 달걀노른자 같은 핵이 있다. 핵은 미세한 구멍이 열린 핵막에 둘러싸여 있다.

인간에게도, 동물에게도, 식물에게도 모두 핵이 있다. 이처럼 핵을 갖고 있는 것을 진핵생물(eukaryote)이라 한다.

효모는 진핵생물의 대표적 존재로 생각된다. 따라서 효모를 사용하여 유전자 재조합을 연구함으로써 동물세포와 식물세포에까지 손을 뻗칠 수 있을 것이다.

장점으로는 이 핵을 갖는 생명체의 대표라는 측면에서 매우 좋은 연구 대상이 되는 것이다.

만든 것을 몸 밖으로 분비하는 힘도 있다. 킬러 효모의 킬러유전자는 단백질(효소)이며, 그것이 몸 밖으로 분비되므로 작용이 있다. 그러나 분비력은 그다지 강하지 않고 고초균에 비하면 약한 편이다.

또 균체를 많이 만들 수 있는 것도 장점이다. 1리터당 100그램 정도 만들 수 있다. 생성물을 추출하는 것까지 가능하다면 그것을 효모로 하여금 만들게 하는 것이 가능하다.

이 효모는 특별한 공장으로, 다른 것과 다른 사용법을 갖고 있다.

어떤 종의 호르몬에는 단백질 이외에 당질이 결합되어 있다. 효모는 그 당질을 결합시키는 힘을 가지고 있다. 대장균과 고초균에는 그와 같은 힘이 없다. 당질이 없으면 작용하지 않는 호르몬을 만드는 경우에 효모가 이용된다.

결점은 유전자 재조합이 생각대로 되지 않는 점이다.

진핵생물의 유전자 재조합에 대해서는 겨우 입구 정도밖에 알지 못하는 것이 현실이다. 유전자 재조합 기술 자체가 미발전 상태이기 때문이다. 그러나 동물이나 식물의 유전자 재조합을 연구함에 있어서 효모가 하나의 모델이 되고 있는 것은 사실이다. 연구가 진전되어 언젠가는 해결될 문제라고 생각된다. 이미 몇 가지 성공한 예도 있다.

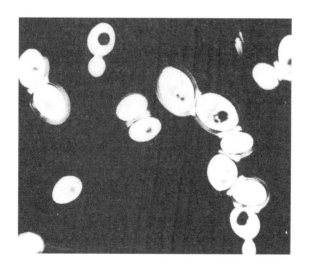

그림 5.10 효모

항생물질을 만드는 방선균

아직도 여러 가지 공장이 더 있다. 다음은 방선균이라는 미생물이다. 방선균을 잘 아는 독자들도 많이 있겠지만 이 균은 흙 속에 살고 있다. 흙냄새를 맡아 보면 꼭 곰팡이 냄새 같은 특유의 냄새가 나는데, 그것은 흙의 냄새가 아니라 방선균의 냄새이다. 이 세균은 스트렙토마이신(streptomycin)이라든가 클로로마이세틴 (chloromycetin), 카나마이신(kanamycin) 등 여러 가지 항생물질을 만들어 준다.

또한 기타 여러 가지 2차 대사물질을 만든다. 이것은 앞에서 기술한 4종류의 미생물이 가지고 있지 않았던 능력이다.

항생물질을 만들고 있을 때 외부에서 새로운 유전자를 재조합시켜줌으로써 다른 항생물질을 만드는 것이 가능해졌다. A에서 B가 만들어진다고 할 때, A′를 부여함으로써 B가 B′로 될 가능성이 있다는 것이다. 이것은 공장을 약간만 변경해도 가능하다. 그 방법으로 새로운 항생물질을 발견한 예가 있다. 하지만 이것의 사용 여부는 불확실하다.

이것은 공장을 능률적으로 운용하면 새로운 것을 만들게 할 수 있다는 견본이다. 단백질뿐만 아니라 항생물질과 같은 것을 만들게 할 수도 있다. 2차 대사물을 만들 때는 효소가 작용한다. 이제까지와는 달리 효소를 추출하려는 것이 아니라 그 효소작용을 이용하여 물질을 만들게 하는 것이다.

결점도 있다. 방선균의 경우 유전자 재조합은 기술적으로 문제가 있어 성공하지 못했다. 종의 벽이 너무 높기 때문이었다.

DNA는 복잡한 3차(입체) 구조를 가지고 있지만 생물마다 다르다. 특히 방선균 등은 다른 것과는 구조가 현저하게 다르기 때문에 방선균의 유전자는 방선균 안에서가 아니면 발현하기 어렵고, 대장균 속에서는 발현하지 않는다. 때로 발현하는 경우도 있지만 매우 드문 편이다. 이 문제가 해결된다면 여러 가지 물질을 생산할 수 있을 것이다.

독에 강한 슈도모나스

슈도모나스(*Pseudomonas*)라고 하는 미생물이 있다. 이 공장은 어떤 것일까?

슈도모나스는 여러 가지 약제, 화합물에 대하여 내성을 가지고 있다. 화학물질 등이 있어도 쉽게 죽지 않는다.

톨루엔(toluene)이나 시안화화합물, 독물에 대하여 매우 강한 내성을 가지고 있다. 이와 같은 약제내성이 있으면 유전자 재조합으로 특별한 능력을 부여하여, 예컨대 벤젠에서 석탄산(carbolic acid)을 만들게 하는 것도 가능하다. 벤젠에 OH가 붙은 것이 석탄산인데, 보통 미생물에게 있어서는 독이지만 이 슈도모나스는 아무렇지도 않게 살 수 있다.

이 공장은 독에 대해서도 내성이 있으므로 화학공업에도 이용

가능하다. 촉매를 사용하여 고온, 고압으로 가동하고 있던 석유화학공업을 미생물을 이용함으로써 저온으로, 또한 정압으로 가동하는 것이 가능해진다. 만들어진 것이 미생물에 대하여 독일지라도 슈도모나스라면 이용할 수 있다는 것이다.

석유화학공업 등에는 이 미생물을 유전자 재조합을 한 후에 이용하는 것도 검토되고 있다. 그러나 이것도 유전자 재조합 기술이 발달하지 못했으므로 아직은 실현되지 못하고 있다고 한다.

톨루엔 안에서 살아 있는 것도 자연계에는 존재한다. 이러한 것을 공업적으로 이용하는 연구도 진행 중이다.

유전자 공장으로 사용되는 미생물은 대체로 이러하다. 그리고 현재 사용할 수 있는 숙주는 이 5종류 정도인 것으로 알려져 있다.

이제 이들 유전자 공장을 가동하여 어떤 유전 정보를 주고, 무엇을 만들게 하느냐 하는 것이 문제가 된다. 게다가 종의 벽을 생각하여 어떤 물질의 생성에는 어떤 공장이 가장 적합한가도 알지 못한다. 이러한 문제 모두에 유효한 유전자 공장은 아직 존재하지 않는다.

종의 벽 해결법

유전자 공장의 종류에 대하여 살펴보았으니 이번에는 그 공장을 작동시키기 위한 DNA에 대하여 살펴보자. 이 DNA는 매우 복잡하므로 동물과 식물에 관해서는 생략하고, 미생물에 대해서만 설명하겠다.

동물과 식물은 각각 다른 DNA를 가지고 있다. 그러므로 DNA를 공장에 넣어도 쉽게는 동작시키지 못한다. 문제는 종의 벽에 있다. 어떤 DNA도 공장에서 컴퓨터의 프로그램으로 움직여주는 것은 아니다. 앞에서 기술한 5종류의 유전자 공장이 각각 종의 벽을 가지고 있으므로 가능한 한 종의 벽이 낮은 곳에 DNA를 가지고 가는 것이 필요하다. 그렇다면 도대체 어떤 것을 종의 벽이라 하는가?

현재 다음 6종류 정도가 고려되고 있다.

첫 번째로, 제한효소가 작용하는 것이다. 제한효소란 유전자 재조합 때 DNA의 특정 부분을 자르는 가위라고 기술한 적이 있다. 예를 들어 인간의 정자를 원숭이의 난자에 넣어도 수정(受精)은 일어나지 않는다. 돼지나 개에서도 마찬가지다.

미생물의 DNA를 인간의 세포에 넣었을 때 분열은 일어날 것인가? 일어나지 않는다. 왜 일어나지 않는가? 그것은 생물은 각각 밖에서 들어온 유전자를 자르거나 분해하는 제한효소, 즉 자기 DNA 이외의 DNA를 분해하는 효소를 가지고 있다. 대장균은 같은 대장균의 DNA는 무제한으로 받아들이지만 고초균의 DNA가 들어올 때는 그것을 분해시킨다.

그러므로 유전자 재조합을 할 때는 재조합에 사용하는 대장균의 제한효소를 불활성화시킨다. 공장 쪽에서 이미 상대를 구별하지 못하도록 해두는 것이다.

하지만 이 제한효소가 완전히 불활성화되어 있지 않은 경우가 있다. 어렵게 들어온 DNA도 이렇게 되면 잘게 흩어지게 된다. 이것이 제한효소에 의한 종의 벽이다.

두 번째는 DNA 복제기구가 다르다는 것을 들 수 있다. DNA는 한 개를 두 개로, 두 개를 네 개로 복제해 나간다. 이 복제가 없다면 어버이의 형질이 자식에게 계승되지 못한다. 이때 DNA는 완전하고 정확하게 복제되지 않으면 안 된다. 이 복제기구 또한 복잡하며 생물에 따라서 각각 다르다.

그러므로 어떤 DNA를 공장에 넣어도 같은 기구에서 복제된다고는 단언할 수 없다. 이것은 벡터(vector)에 대해서도 마찬가지다.

예를 들어 가장 많이 사용되고 있는 TBR322라는 벡터는 대장균에서는 사용할 수 있지만 고초균에서는 복제되지 않고, 효모에서도 증식되지 않는다. 들어온 DNA도 그대로이다. 하지만 대장균 안에서는 순식간에 수십 배 늘어난다. 이것이 복제기구가 다른 데 따른 종의 벽이다.

세 번째는 메신저 RNA를 만드는 RNA 합성기구가 다른 점이다. 메신저 RNA의 카피 방식이 다르다는 사실이다. 만들어진 것은 같지만 그것을 만드는 도구 준비가 다르다. 그러므로 A의 DNA를 B로 가져와도 복제하여 주지 않는다.

이해하기 쉽게 말하면, 비디오의 VHS와 베타의 관계와 같다고 할 수 있다. VHS를 베타에 올려놓아도 복제하지는 않는다. 복사는 되겠지만 그것을 영상으로 볼 수는 없다.

네 번째는 리보솜의 차이다. 단백질을 만드는 공장 또는 기구가 다르기 때문에 단백질은 만들지 못한다. 프로그램은 작동하고 있겠지만 우리는 그것을 알 수 없다. 미생물 중에서 공장을 가동하고 있을지 모르지만 제품이 만들어지지는 않는다.

다섯 번째는 인트론(intron)이라는 재미있는 현상을 들 수 있다. 유전자 재조합 장에서 언급한 DNA의 의미 없는 부분 말이다. 복습을 겸해서 자세하게 살펴보자.

유전자는 A, T, G, C라는 네 글자를 늘어놓은 것이라고 말했지만 그중 여분의 것이 전혀 없다고 여겨져 왔다.

알기 쉽게 말하면, 음악을 재생할 때 음악 사이에 잡음은 들어 있지 않다. 하지만 진핵생물에서는 어떤 프로그램 속에 무엇을 뜻하는지 알 수 없는, 아무런 의미가 없는 프로그램이 도중에 들어 있다. 효모 중에도 있지만 그것은 종에 따라 모두 다르다.

인터페론(interferon)을 만드는 유전자, 혹은 무엇인가를 만드는 유전자 중에는 사실 의미가 없는 불필요한 유전자가 들어 있다. DNA를 갑자기 대장균에 넣는다 하더라도 대장균은 DNA의 의도대로 되지 않는다. 도중의 의미를 알 수 없는 부분도 버리므로 암호로서도 쓸모가 없다.

하지만 메신저 RNA는 원래의 생물 안에서는 DNA 속 여분의 것을 카피하지 않는다. 쓸데없는 것을 제외하고 필요한 정보만을 카피한다. 필요한 것만이 잘 연결되었을 때 암호는 의미 있는 것이 된다. 매우 고등한 짓을 하고 있는 셈이다. 이와 같은 작용은 보통 미생물에는 없다.

이 인트론은 1976년 미국 매사추세츠공과대학의 도네가와 스스무(利根川 進 ; 1939~) 교수가 발견했다.

왜 생물은 이런 쓸데없는 프로그램을 가지고 있는 것일까? 인간의 DNA는 약 2미터가량 된다. 그중에서 어느 부분이 실제로 필요한지는 모른다. 어떤 학자에 의하면 실제로 필요한 부분은 그중 1%이고, 나머지 99%는 인트론일 것이라고 한다.

미생물의 유전자에는 인트론이 없다. 즉 인트론이 있다는 것은 고등 생물의 증거라고 할 수 있다.

여섯 번째는 고초균 부분에서 설명한 단백질 분해효소이다. 애써 만든 것이 이 효소 때문에 분해되어 겉보기에는 아무것도 나오지 않는다는 것이 단백질 분해효소에 대한 종의 벽이다.

이상 여섯 가지 종류가 종의 벽으로 생각된다. 이러한 종의 벽을 극복하려는 연구가 진행되고 있지만, 대부분의 경우 이것들이 복잡하게 얽혀 있어 유전자 재조합은 생각대로 되지 않는다. 이 모든 문제를 해결하지 않고는 생물을 마음먹은 대로 바꾸지 못한다.

일반적으로는 생물을 새로 만들어 변화시키기보다 오히려 종의 벽이 낮은 미생물을 사용하여 여러 가지를 만들도록 한다. 앞서 기술한 다섯 종류의 공장은 저마다 종의 벽을 서로 많이 가지고 있다. 서로 가까운 것끼리는 종의 벽이 낮으므로 그것을 이용할 수 있다. 예를 들어 동물세포를 사용하여 동물 유래의 것을 만들게 하는 것은 가능하다. 그러나 동물세포를 많이 배양하는 것은 불가능하므로 미생물에 의존할 수밖에 없다.

제6장

최첨단 연구 과제들

미생물로 하여금 석유를 만들게 하다

이 장에서는 바이오테크놀로지의 최첨단에서는 어떤 연구가 진행되고 있고, 어떤 물질이 생성되려 하는가를 살펴보기로 하겠다.

미생물로 하여금 석유를 만들게 하는 것은 이론상으로는 가능하다. 그러나 그것이 결코 쉬운 일은 아니라, 아직 석유를 만들었다는 희소식은 들려오지 않고 있다.

대부분의 경우 석유와 가까운 물질들은 미생물을 죽인다. 그러므로 설령 석유나 석유에 가까운 물질을 만들었다 하더라도 그 자리에서 곧바로 미생물이 죽는다면 아무 의미가 없다. 따라서 이런 경우에 앞에서 기술한 바 있는 슈도모나스처럼 석유 생산물에 대하여 내성이 있는 미생물을 사용해야 할 것이다. 대장균 등에는 내성이 없으므로 불가능하다. 대장균에 내성을 갖게 할 수도 있겠지만, 복잡하고 무엇보다 많은 품이 든다.

고미생물(古微生物)이라는 것이 있다. 이 고미생물은 균체 안에 석유와 같은 성분을 가지고 살고 있다. 따라서 이와 같은 미생물이야말로 그 능력을 증강시켜 준다면 석유류의 물질 생산이 가능할 것이라는 전망이다. 하지만 아직도 성공 여부는 미지수다.

또 이른바 탄화수소 생산균이라는 미생물도 있다. 메탄 생산균 등이 이에 속한다. 이에 대해 뒤에서 다시 언급하겠지만, 최근 에틸렌(ethylene) 생산균과 이소부틴(isobutene) 생산균 등이 발견되었다. 이제까지 에틸렌 이상의 탄화수소는 생산하지 못했지만, 그 이상의 것도 만들 수 있게 되었다. 이러한 균을 이용함으로써 석유화학계(石油化學系) 에너지를 생산하는 것이 가능해질 것으로 전망된다.

일부 분자생물학자들의 회고에 의하면 지난날, 가령 "유전자 재조합은 대장균"이라는 식으로 대장균에 손을 대지 않으면 분자생물학자가 아니라고 간주되었던 시기도 있었다고 한다. 그러나 미생물은 풍부한 다양성을 지니고 있으므로 그것을 능률적으로 구사하는 것이 가축화의 지름길일 것이다.

바이오 컴퓨터

미생물과 직접적인 관계는 없지만 바이오 일렉트로닉스에 관하여 잠시 설명하고 넘어가겠다.

이것은 글자 그대로 바이오 테크놀로지와 일렉트로닉스를 복합한 기술 분야를 말한다. 생체 기능에 가까운 소자나 생물의 생체물질을 이용하여 만든 바이오 컴퓨터 등이 개발되었다.

일렉트로닉스에서는 전자(electron)와 광자(photon)가 정보 전달의 매개체로 사용되고 있지만 보통 생체 안에서는 화학물질을 주고받음으로써 정보 전달이 이루어지고 있다.

바이오 컴퓨터 자체는 아직 기초적인 연구단계에 불과하지만 많은 기대가 모아지고 있다. '생명 유사 컴퓨터'로 번역되듯이, 이 컴퓨터에 지능을 부여하여 판단, 유추, 패턴 인식 등을 가능하게 하고, 최종적으로는 인간의 뇌에 가까운 역할을 하게 한다는 것이다.

어떤 종의 단백질 혹은 효소는 생체의 신호를 조작하여 생체를 제어하고 있다. 이러한 단백질을 찾아내어 유전자 재조합을 실시한 미생물에 의해서 대량 생산하여 바이오 컴퓨터에 이용하려는 것이다.

또 이에 사용되는 소자로 바이오 칩이라는 집적회로도 개발되고 있다. 이것은 신호의 전달 등이 분자 차원에서 이루어지기 때문에 속도, 전력량, 발열량 등에서 우수한 성능을 가질 가능성이 있어 반도체 소자를 대체할 수 있을 것으로 기대된다.

바이오 섬유

우리가 예부터 사용해온 삼베, 무명, 견직물 등은 모두 바이오 테크놀로지로 만들어진 것이다. 이것들과는 달리 최근에 미생물의 힘을 빌려 섬유를 만드는 연구도 진행되고 있다. 단, 보통 우리가 의류 등에 이용하는 것과는 달리 바이오 섬유에는 생리적인 어떤 특징이 요구된다.

어떤 종류의 박테리아가 만들어내는 고분자 물질 중에 폴리히드록시 부틸레이트(polyhydroxybutyrate : PHB)라는 것이 있다. 이것을 대량으로 생산하여 실제로 사용하려는 구상도 시도되고 있다.

이 PHB는 인체에 전혀 나쁜 영향을 미치지 않으며, 장시간 몸 안에 들어가 있으면 녹기 때문에 예전부터 써온 견사 등을 대신하여 수술 시 봉합사로 개발되었다. 생물이 가지고 있는 자연의 힘에 의해서 분해된다는 것은 환경보전 측면에서 보아도 매우 중요하다.

플류랄리아(pleuralia)라는 미생물이 당류로부터 풀루란(pullu-lan)이라는 다당류를 만든다. 이 다당류는 얼핏 보기에 플라스틱 같지만 미생물에 의해서 분해되기 때문에 그 장래가 기대된다.

또 아세트산균의 일종인 셀룰로오스와 비슷한 다당류를 만드는 것도 예부터 알려져 있다. 이것을 이용하여 무명과 비슷한 셀룰로 오스 섬유를 만드는 것도 가능하게 되었다.

머지않아 미생물로 만든 식품을 먹고, 미생물로 만든 의류를 착 용하는 시대가 오지 않을까? 이미 미생물로 만든 식품을 먹고 있 기는 하지만 말이다.

인슐린을 만들다

유전자 재조합으로 만든 최초의 물질은 소마토스타틴(somatos-tatin)이라는 혈압 강하제였다. 유전자 재조합에 의해서도 물질 생성이 가능하다는 것이 증명되었다.

기본적으로, 이 유전자 재조합에 의한 물질 생성은 외부에서 DNA 를 가져와 공장인 대장균이나 고초균, 효모 등에 넣어주어 그 미생물 에서 만들게 하는 것이다. 그리고 이제까지 그 공장에서 만들지 못했 던 물질을 인위적으로 만들게 한다. 이것은 이미 기술한 바와 같다.

그렇다면 이제부터 이 유전자 재조합으로 어떤 물질이 만들어지 고 있는가를 점검해 보자.

우선 인슐린이 있다. 이제까지 판매되고 있는 것의 대부분이 돼지의 인슐린이었다. 인슐린은 아미노산이 늘어선 펩티드(peptide)로, 단백질의 일종이다. 돼지의 인슐린은 구조 중 한 가지만이 인간의 인슐린과 다르다. 인간과는 아미노산의 종류 하나만이 다르므로 장기간 사용하면 면역학적으로 문제가 생긴다.

이것을 방지하는 차원에서 인간의 유전자를 플라스미드에 연결하여 대장균 속에서 발현시켜 인슐린을 만드는 데는 성공하였지만 공업적으로는 불가능했다.

제5장에서 기술한 바와 같이 대장균은 종의 벽이 낮고 다양한 물질을 만드는 능력이 있지만 불행하게도 그것을 균체 밖으로 분비하지 못한다. 인슐린은 균체 안에 만들어지고 있다. 그 결과, 공장의 창고라 할 수 있는 대장균의 몸은 전체의 2/3가 인슐린에 점령되어 죽는다.

인슐린을 추출하는 것은 어려운 기술이 필요하다. 약 1000종류의 효소단백질 중에서 인슐린만을 분리하여 추출하는 것이므로 정제기술이 아무리 발달했다 한들 완전한 추출은 불가능하다. 또 인간에게 주사하는 것이므로 100% 정결하지 않으면 안 되므로 가격이 높아진다. 현재도 인슐린의 값은 비싼 편이다.

또 한 가지 문제가 있다. 공장인 대장균의 성질이 문제인지, 아니면 다루는 솜씨가 서툴러서인지 알 수 없지만 제품에 자주 얼룩이 생긴다. 제품이 균일하지 못하고 얼룩이 생긴다는 것은 인슐린을 구성하는 아미노산의 수가 자주 요동한다는 것을 의미한다.

인슐린은 아미노산이 천연의 인간의 것과 똑같은 수가 아니면 안 된다. 상당 부분이 해결된 것으로 생각되지만 이 부분도 다운스트림 문제로 남는다.

인터페론에도 지금의 인슐린과 같은 문제가 있다. 그러나 인터페론 쪽은 양이 적어도 되기 때문에 동물세포를 사용함으로써 정제 문제를 상당부분 해결할 수 있다. 물론 같은 인간의 세포를 사용하면 정제문제는 크게 신경 쓰지 않아도 될 것이다.

단지 인터페론이 인간에게 얼마나 효과가 있느냐 하는 것과는 전혀 다른 차원의 이야기이다. 인터페론을 만들 수 있다는 것은 사실이다.

우로키나아제와 성장호르몬

우로키나아제(urokinase)는 뇌혈전 등의 치료에 사용되고 있다. 인간의 요(urine)에서 추출하거나 그런 단백질 분해효소의 일종이지만 이것도 유전자 재조합으로 만들 수 있다.

그러나 여기에는 몇 가지 문제가 있다.

천연의 동물세포를 사용하여 우로키나아제를 만드는 것은 가능하지만 가격이 높아지는 것이 문제다. 대장균을 사용하여 만들 수도 있지만 균체 안에 고이기 때문에 우로키나아제가 물에 녹지 않게 된다. 이런 물질을 봉입체(封入体)라고 한다.

단백질이 이웃끼리 결합하기 때문에 물에 녹지 않는 것이다. 물에 녹지 않게 되면 자연 상태의 약이 되지 않으므로 용혈작용(溶血作用)이 없어진다.

봉입체를 만드는 것을 막기 위해서는 생성하는 그 자리에서 균체 밖으로 분비시키면 된다. 그렇게 하면 이웃 단백질과 결합하는 일은 생기지 않는다.

그래서 미생물이 만든 물질을 토해내게 하는 것이 필요하게 되었다. 이에 관해서는 뒤에서 다시 다루도록 하겠다.

성장 호르몬 부족은 소인증 등의 원인이 되고 있다. 성장 호르몬은 인간의 뇌하수체에서 만들어진다. 이것은 우로키나아제와 마찬가지로 자연계에서 만들어진 것과 대장균으로 만든 것에 큰 차이가 있다.

대장균 속에서 만든 것에는 성장작용이 없다. 역시 봉입체를 만들기 때문에 성장 호르몬으로서의 작용은 없어진다. 이러한 경우, 이웃 단백질과 결합하고 있는 부분을 화학적으로 잘라낼 필요가 있다. 말로는 쉽지만 잘라내는 데는 어려운 기술이 필요하다. 가능은 하지만 생산량(生産量)이 매우 줄어든다.

이것도 균체 밖으로 분비시키면 성장작용이 있는 호르몬을 얻을 수 있다.

미생물의 유전자 재조합

이제까지 동물이 만들고 있었던 것을 미생물에게 만들게 하는 예를 보아 왔는데, 이 관계는 미생물 상호 간에도 성립된다. 예를 들어 열에 강한 효소가 필요한 경우를 생각해 보자.

열에 강한 효소는 호열성균에 의해서 만들어지는 경우가 많다. 호열성균 중에는 80℃, 85℃ 심지어 110℃에서도 아무 변화 없이 살아가는 것들도 존재한다.

이러한 미생물을 생육시켜서 효소를 얻어내는 것도 가능하지만 쉬운 일은 아니다. 고온을 유지하려면 에너지도 많이 필요하다.

이러한 경우에는 유전자 재조합을 이용하는 것이 좋다. 열에 강한 아밀라아제를 만드는 경우에는 호열성균의 유전자를 조합한 대장균에서 만들게 하고, 그 후에 열을 가해 다른 단백질을 불활성화시키고 남은 강한 아밀라아제만을 추출하는 것도 가능하다.

예를 들어, β-글루코시다아제(β-glucosidase)와 α-갈락토시다아제(α-galactosidase) 등의 당질을 분해하는 효소를 높은 온도에서 반응시키지 않으면 안 되는 경우가 있다.

보통 효소라면 고온에 약한 존재라고 생각하기 쉽지만 이와 같은 효소반응에는 호열균에서 추출한 효소를 사용한다. 이 효소는 높은 온도에서 활성화한다. 그러나 그 배양은 결코 쉽지 않다.

써무스(Thermus)라는 미생물은 85℃ 정도에서 잘 생육한다. 이 써무스 유전자를 추출하여 손을 가한 다음, 대장균 속에서도 발현(發現)하도록 바꾸어 써무스의 프로그램을 읽을 수 있도록 최초의 조건을 약간만 변화시킨다. 만들어진 효소는 열에 강하므로 다른 것들은 열을 가해서 부셔버리면 된다.

대장균은 45℃ 정도에서 죽는다. 대부분의 효소는 모두 부서진다. 하지만 이렇게 만든 효소는 70℃ 정도에서도 부서지지 않으므로 열을 가해서 추출할 수 있다.

이렇게 사용하는 데는 유전자 재조합이 유효하다.

사이클로덱스트린을 만든다

이제까지 사이클로덱스트린(cyclodextrin)을 만들지 않았던 미생물에게 만들게 할 수도 있다. 사이클로덱스트린이란, 녹말을 분해하여 만들어진 글루코오스가 6, 7, 8개 단위로 끊어져 각각 머리와 꼬리가 이어진 고리상으로 된 화합물질이다.

이 물질은 매우 편리하여, 도넛처럼 고리로 된 안에 분자를 넣어 분자 캡슐화하는 힘이 있다. 이제까지는 냄새가 날아가거나 분해되기 쉬웠던 것을 분자 캡슐화함으로써 비교적 유지할 수 있게 되었다. 이 화합물도 쉽게 대량 생산하지 못했었다.

1972년경 호(好)알칼리성균이라는, 알칼리성에서 생육하는 미생물이 발견되었다. 그 미생물 중 몇 종류가 사이클로덱스트린을 만드는 효소를 균체 밖으로 분비한다는 사실을 알았다. 게다가 그것이 사이클로덱스트린의 수량이 좋아지도록 만들므로 그것을 공업적으로 이용할 수 있었다. 실제로 사이클로덱스트린 공업은 세계적으로 주목받았다. 현재는 사이클로덱스트린을 만드는 능력을 어떻게 증강시킬 수 있느냐가 공업적으로 추구되고 있다.

유전자 재조합에 의해서 사이클로덱스트린을 더욱 대량으로 만들 수 없을까. 이제까지 어떤 특정한 미생물에 의해서 만들게 했던 것을 다른 미생물로 하여금 만들게 하면 솜씨 있게 질이 좋은 사이클로덱스트린을 만들 수 있지 않을까 하여 현재 사이클로덱스트린 생성 효소를 만들게 하는 연구가 이어지고 있다.

녹말로 알코올을 만든다

효모는 글루코오스 등에서 알코올을 만든다고 기술했는데, 효모에는 녹말을 분해하는 힘이 거의 없다. 그래서 효모에 녹말을 분해하는 힘을 부여하여, 녹말로 대번에 알코올을 만들려는 시도도 있었다. 이 새로운 아이디어의 실험은 성공을 거두었다.

이것은 바이오테크놀로지의 한 수단이기는 하지만 유전자 재조합은 아니다. 이 새로운 효모를 만들기 위해 유전자 재조합을 할 필요는 전혀 없다.

아밀라아제를 만드는 효모는 알코올을 거의 만들지 않는다. 이 효모에 알코올을 만드는 힘이 매우 강한 효모를 다음과 같이 세포 융합시킨다는 뜻이다.

양쪽 효모의 바깥쪽에 있는 세포벽을 헐어 벗겨낸다. 그리고 그것을 칼슘 존재 아래 둔다. 그러면 같은 종류든 다른 종류든 세포가 달라붙는다. 두세 마리가 서로 모여 달라붙어 하나의 세포가 된다. 당연히 핵도 융합하므로 유전자 재조합이 자연스럽게 이루어진다는 뜻이다. 이것은 인공적인 유전자 재조합은 아니고, 자연계의 유전자 재조합을 이용한 것이다.

이 세포융합의 결과로, 녹말질을 분해하여 알코올로 만드는 효모가 만들어졌다. 이 효모를 사용하여 실제로 녹말질로 알코올을 만드는 것도 가능하게 되었다.

때로는 이렇게 인공적으로 만든 미생물이 원래 성질로 돌아가

버리는 경우도 있다. 예를 들어 아밀라아제도 만들지 않고, 알코올도 만들지 않는 나쁜 성질이 발현되는 수도 있다. 반대로 좋은 성질만을 갖는 미생물이 나오는 경우도 있다.

그래서 미생물 관리가 문제되기도 한다. 유전자 재조합에 의해서 만든 것을 여러 대 이어가면 처리해 나가는 사이에 성질이 결락되어, 예컨대 알코올을 만들어야 하는데 아밀라아제를 만드는 효모가 만들어지기도 한다. 단, 이 단계에 오면 자세한 수치는 각 회사의 기업 비밀로 다루어지기 때문에 알 수 없다.

이처럼 2단계 과정을 거쳐 만들었던 것이 새로운 미생물을 이용함으로써 1단계로 만들 수 있게 되었다. 일본 사케는 보통 누룩과 효모로 만들지만 언젠가는 1단계만으로 만들게 될 날이 올지도 모른다. 이는 누룩곰팡이에 알코올 발효능을 갖게 하면 된다. 이론상으로는 간단하지만 현실은 어려운 일이다.

레닛을 대장균으로

우유의 카세인(kasein)을 응집시켜 치즈를 만드는 레닛(rennet)이라는 효소도 있다. 이것은 송아지의 제4위에서만 얻을 수 있다. 송아지는 어미 소의 젖을 먹고 레닛으로 우유의 카세인을 굳힌 다음에 분해한다. 그러므로 레닛은 송아지를 도살하지 않고는 손에 넣을 수 없다. 그래서 유전자 재조합으로도 만들 수 있는지가 검토되었다.

레닛을 만드는 유전자 중에는 인트론이 있으며, 보통 방법으로는 유전자 재조합이 불가능하다. 그래서 송아지의 메신저 RNA를 낚아 내어 그 메신저 RNA에서 DNA를 만드는 것을 생각하게 되었다.

메신저 RNA는 DNA의 카피이지만 생물계에는 역반응을 일으키게 하는 것이 반드시 있어서, RNA에서 DNA를 만드는 효소도 존재한다. 이것을 역전사 효소(reverse transcriptase)라고 한다.

역전사 효소를 이용하여 DNA를 만들어 대장균 속에 넣었더니 레닛을 만들어냈다. 같은 실험에 성공했다는 보고가 세계 두세 곳에서 거의 동시에 제출되었다고 한다.

그러나 여기에도 문제는 있다. 레닛은 그다지 고가의 것은 아니다. 그러므로 송아지에서 얻은 것과 비교하여 가격을 낮추지 않으면 안 된다. 대장균 안에서 만들고 있는 한은 밖으로 분비시키지 않는 이상, 중간에 정제라는 프로세스가 있기 때문에 가격 인하를 기대할 수 없다. 기술적으로는 성공하였지만 경제적으로는 실패한 셈이다.

필 생산도 가능

필(pill : 경구피임약)을 만들게 하는 연구도 진행되고 있다. 필은 여성 호르몬의 일종에서 만들어진다.

여성 호르몬이나 남성 호르몬은 스테로이드(steroid) 호르몬이고, 스테로이드 모핵(母核)이라는 공통된 화학적 성질을 가진 부분이 있다. 이것은 인간이 나이를 먹으면 쌓이는 콜레스테롤(cholesterol)과 같은 것이다. 이 콜레스테롤을 기술적으로 처리하여 필을 만들 수 있다.

이제까지 필의 원료는 멕시코 인근의 특산물인 참마로 만들어 왔다. 세계의 모든 필이 멕시코에서 만들어졌던 셈이다. 그러나 오늘날에 이르러서는 미생물로 하여금 만들게 할 수 있다.

미생물의 힘으로 콜레스테롤의 일부분을 변화시켜 필의 원료로 할 수도 있다. 유전자 재조합에 의해서 필의 원료가 아닌, 필 그 자체를 많은 생산량(生産量)으로 만드는 것도 가능하게 되었다. 그러나 이것은 이제까지의 필과 비교하여 질적으로 떨어지기 때문에 아직 실용되지는 못하고 있다.

이렇게 살펴보면, 현실적으로 사용되고 있는 것은 아직 극히 일부분에 불과하다는 것을 알 수 있다. 이 외에도 여러 가지가 있다. 예를 들어 백신(vaccine) 등, 면역에 관련되는 단백질 등이 유전자 재조합으로 속속 만들어지고 있다. 하지만 당장 실용되지는 못하고, 오랜 기간 인체실험 등 임상연구를 수행해야 할 것이다.

대량 생산의 열쇠 — 균체 밖 분비

바이오테크놀로지의 가장 큰 애로사항은 대량 생산 문제이다. 어떻게 대량 생산을 실현할 수 있느냐가 중요한 과제이다.

대량으로 생산하기 위해서는 현재의 사정상 미생물을 이용하는 수밖에 없기 때문에 미생물 이용이 검토되고 있다. 값은 비싸질지라도 소량만 필요하다면 동물세포나 식물세포를 사용할 수 있겠지만, 대량으로 저렴하게 만들기 위해서라면 미생물에 의존할 수밖에 없다. 그것을 가능하게 하려면 균체 밖으로 물질을 분비시키는 수밖에 없다. 그것이 가능한가, 가능하지 않은가가 앞으로 바이오테크놀로지에도 직접적인 영향을 미치게 될 것이다.

아밀라아제, 프로테아제 등의 효소는 미생물을 이용하여 대량으로 만들어지고 있다. 이들 미생물은 1리터로 10~20그램을 만드는 것이 가능하다. 1리터 중 20그램이라면 2%에 해당한다. 그러한 능력을 가진 미생물이 존재함에도 불구하고 어째서 미생물로 유전자 재조합을 실시하는 것이 불가능한 것일까?

20그램이나 만들기 위해서는 고초균 등이 좋은 후보자였지만, 그것은 이종 유전자가 들어오면 철저하게 배제시키기 때문에 재조합된 유전자는 불안정 속에서 좀처럼 안정되지 못하고, 또 만들어진 것도 부숴버리는 관계로 의도대로 잘 되지 않는다.

효모의 경우도 유전자 재조합 기술 자체가 미숙하여 성공하지 못했다.

그렇다면 대장균은 어떠한가. 대장균도 조금은 분비한다. 그러나 20밀리그램 정도이므로 자릿수가 1000배나 차이 나 공업적으로는 도저히 무리다.

대장균은 분비를 거부해 왔다. 왜 분비하지 않는 것일까? 그것은 앞에서 기술한 대로 세포막에 문제가 있기 때문이다.

대장균은 3층의 막으로 덮여 있다. 고초균 등과는 달리 막이 3층이나 되기 때문에 분비하지 못하는 것이다.

그렇다면 3층 중 가장 바깥쪽 막을 벗기면 될 것이라 생각하여 노력을 거듭한 결과, 실제로 벗길 수 있게 되었다. 그러나 실제로 벗기자 대장균은 죽고 말았다.

막의 강도가 약해져 약간만 힘을 가해도 구멍이 나므로 오히려 다루기가 어렵게 되어 공업적으로 사용이 불가능해졌다.

3층째 막의 생성 상태를 강도가 너무 떨어지지 않을 정도로만 불완전하게 하려면 어떻게 해야 하겠는가? 설마 바늘로 구멍을 뚫을 수는 없을 것이므로 유전자 재조합으로 그 바늘에 필적하는 것을 만들어 줄 수밖에 없다. 3층째 막을 불완전한 것으로 할 만한 신호를 가진 DNA를 대장균에 넣어 주면 된다.

미생물은 가끔 다른 미생물을 죽이는 수도 있다고 킬러 효모의 대목에서 기술하였는데, 대장균에도 킬러유전자를 가진 것이 있었던 것이다. 어떤 종의 대장균은 콜리신(colicin)이라는 인자(因子)를 가지고 있다. 이것은 플라스미드이다. 이 플라스미드가 미생물 사이를 휘젓고 다니면 때로는 미생물이 죽는 경우도 있다. 특별히 무언가 변한 항생물질을 부여하거나 자외선을 쪼이면 죽는다. 콜리신 인자는 이와 같은 것에 의해서 기능이 촉발된다.

대장균의 사인(死因)을 관찰하여 보면, 제3층째 막이 녹아버리기 때문에 죽는 것으로 보였다. 그래서 제3층째 막에 구멍을 내기 위해서는 콜리신 인자와 비슷한 것을 가져오면 될 것이라고 생각했다고 한다. 그것이 기운차게 움직이면 곤란하므로 pMB9라는 플라스미드를 만들어냈다. 이 플라스미드는 콜리신 인자를 약화시킨 것으로, 콜리신과 똑같지는 않지만 제3층째 막에 구멍을 낼 정도의 여력은 가지고 있다.

pMB9는 대장균의 바깥쪽 막에 무엇인가 작용하는 것은 아닌지, 또 pMB9를 증강시키거나 혹은 보조하여 구멍을 낼 만한 유전자(helper)를 결합시켜 줌으로써 막에 작용시킬 수 있지 않나 하는 의도에서 분비유전자 연구가 시작되었다.

pMB9에 호알칼리성 균에서 추출한 유전자를 유전자 재조합하여 대장균 속에 넣어 준다. 그렇게 하였더니 예상 이상으로 성공하였다. 대장균의 바깥쪽 막에만 몇 개의 구멍이 뚫리고, 이제까지 균체 밖으로 분비하지 않았던 것이 점차 분비할 수 있게 되었다. pMB9는 분비 벡터라고도 불러야 할 것이다.

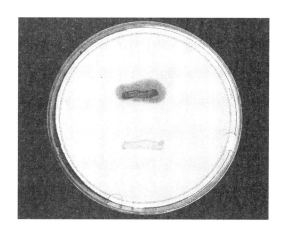

그림 6.1 대장균

위쪽이 만든 것을 균체 밖으로 분비하게 된 대장균이고, 아래쪽은 분비하지 않는 대장균이다.

그 결과 사람의 성장호르몬도 균체 밖으로 분비할 수 있게 되었다. 1리터당 100밀리그램 정도였으므로 수량이 많지는 않지만 균체 안과는 달리 정제하는 것이 간단하다.

이 호르몬이 유효한지 여부를 조사한 결과, 성장작용이 있다는 것을 알았다. 대장균으로 하여금 사람의 성장호르몬을 만들게 하여 실제로 효력이 있었던 적은 이제까지는 없었다. 아무리 해도 성장시키는 힘이 적었던 것이다. 이렇게 하여 인간이 만든 성장호르몬과 대장균이 만든 것과의 분자구조를 인공적으로 같게 할 수 있었다.

이 밖에도 면역에 관련되는 단백질과 여러 가지 효소 등도 만들 수 있게 되었다. 이제부터 이 종(種)의 것은 얼마든지 생산될 것으로 예상된다.

그러나 연구소에서 만든 분비벡터도 만능은 아니다. 개중에는 분비하지 않는 것도 나온다. 이것들은 공장인 숙주를 잘 선택하여 솜씨 있게 유전자 재조합을 하면 해결될 문제이다.

어찌 되었든 초반에는 대장균을 공업용 미생물로 고려하지 않고 끝까지 연구용 미생물로 간주하였다. 균체 안에서 원하는 것을 만들게 하여, 대장균을 대량 갈아 으깨고, 그것을 추출하여 공업적으로 사용하려고 생각하였지만 그것은 어려운 일이었다. 생산물을 균체 밖으로 분비할 수 있게 됨으로써 대장균에 의한 대량 생산을 실현하게 되었다.

무엇이든 균체 밖으로 분비시키는 것은 바이오테크놀로지에서는 최소한의 필요사항이다.

호열성균 ─ 새로운 균

새로운 균에 대한 정의(定義)는 몇 가지 있지만 유전자 재조합에 국한하지 않고, 실제로 어떤 균이 만들어질 수 있느냐가 문제이다.

우리가(아니, 전문가들이) 알지 못하는 새로운 균이 아직도 존재하는 것일까? 인간의 지식이 아직 많이 부족하다는 것을 고려할 때 발견되지 못한 균이나 미생물은 높은 산만큼이나 많다는 것이 전문가들의 소견이다. 그중 몇 가지 예를 들어 보자.

호열성균(thermophilic bacteria)이라는 미생물이 있다. 호열성균은 글자 그대로 높은 온도를 좋아한다. 보통 미생물은 인간의 체온 정도가 가장 생식하기 좋은 것으로 생각되지만 미국 위스콘신대학교의 미생물학자인 토머스 블록이 옐로스톤 국립공원에서 75~80℃ 정도에서 가장 잘 생육하는 미생물을 발견했다. 그는 이 미생물들에 써무스(*Thermus*)라는 이름을 붙이고, 황을 즐겨 먹는 것에는 설퍼로버스(*Sulfurobus*)라는 이름을 붙였다. 설퍼(sulfur)는 황, 써모(thermo)는 열이라는 의미에서였다. 모두 그것을 좋아하는 균이란 뜻이다.

이 균은 생육속도가 비교적 빠르다. 아침 10시에 균을 심으면 오후 3시경에는 벌써 실험이 가능할 정도로 순식간에 생육한다.

높은 온도를 선호하므로 이 균이 만들어내는 효소도 열에 대하여 안정성이 있을 것이다. 화학공업에 효소가 사용되기 위해서는 열에 안정되어야 하는 것이 제1조건이다.

앞으로는 화학공업의 일부분이 이처럼 열에 강한 효소 촉매로 조금씩 대체되지 않을까?

특히 고온에서 여러 가지 용매 등에 내성이 있는 미생물을 익스트림 카탈리스트(extreme catalyst, 초촉매)라고도 한다. 이 정도 단계에 이르게 되면 호열성균을 그대로 촉매로 사용하는 것도 가능해진다.

알코올 발효 등의 경우 60~70℃ 정도에서 반응시키면 알코올은 그대로 기화되어 증류할 필요가 없게 된다.

원래 발효 등을 하는 경우에는 열이 발생하므로 그것을 식혀주지 않으면 안 된다. 식힐 경우 에너지를 통상 이상 소비한다. 고온인 채로 발효가 진행된다면 매우 편리할 것이다. 높은 온도에서 생존할 수 있는 미생물은 앞으로 다양한 분야에서 이용될 것이다.

100℃ 가까운 고온에서 사는 미생물도 있다. 이 미생물은 독일의 미생물학자인 칼 스테터(Karl Stetter : 1941~)가 이탈리아의 해저화산 속에서 발견하였다.

이 호열성균은 110℃에서도 생생하게 살아 있다. 다만 이 균의 생육은 고온이라는 조건을 갖추는 것이 곤란하기 때문에 매우 어렵다. 그렇다면 유전자 재조합으로 열에 강한 이 능력을 다른 미생물에 옮기는 방법을 생각할 수 있다. 또 상온에서도 이 능력이 발휘될 수 있게 해주면 100℃에서 생육시킬 필요는 없다.

호열성균은 열에 강한 효소를 만드는 외에도 왜 열에 강한 효소가 있느냐 하는 순수한 학문적 견지에서의 연구 재료로서도 이용된다. 어떤 구조로 되어 있기에 열에 강한지 이유를 알게 된다면 이제까지 열에 약했던 효소를 열에 강하게 만드는 것도 가능할 것이다.

즉 인공적으로 효소를 변화시켜 만들 수 있게 된다. 이것을 미생물학자들은 프로테인 엔지니어링(protein engineering) 또는 프로테인 디자인(protein design)이라 부른다. 호열성균은 이 프로테인 엔지니어링에 알맞는 모델이다.

그러나 현재에 이르기까지 프로테인 엔지니어링으로 효소의 질이 향상되었다는 예는 들어보지 못했다. 역으로 질이 떨어지는 경우도 있다. 이 기술을 완성시키려면 아직 시간이 필요할 것으로 생각된다.

호염성균

염분 농도가 높은 곳에서도 생존하는 미생물을 호염성균(halo-philic bacteria)이라 한다. 보통 미생물은 염분 농도가 높아지면 사멸하지만 어떤 미생물에게 있어서는 염분 농도가 높은 것이 생육하기에 적합하다. 개중에는 10%의 염분 포화상태에서도 아무 탈 없이 견디는 균도 있다.

그렇다면 호염성균은 어떤 곳에 이용되고 있는가?

화학공업에서 미생물을 이용하는 경우, 염분 농도가 높으면 효소반응이 급격히 떨어진다. 이래서는 실제로 사용되기 어렵다. 고온일지라도, 염분 농도가 높을지라도 지장 없이 잘 작용하는 미생물이 초촉매로 필요성을 더하고 있다. 그러므로 호염성균 같은 것을 연구하는 것은 매우 유효한 연구이다.

유전자 재조합으로 호열성으로 변환한 호염성균에 어떤 능력을 부여해 주면 그대로 촉매로 이용할 수 있다.

삼각형 미생물

여담이지만, 호염성균을 스크리닝하는 과정에서 다양한 미생물을 발견했다. 그중 어떤 미생물은 삼각형으로 된 것도 있었다.

생물에는 모난 것이 없다는 것이 기존 상식이었다. 그러나 호염성균 중에는 우표 모양의 얇은 정사각형 미생물도 있다. 사각형 미생물이 존재한다면 삼각형 미생물도 있지 않겠는가?

그림 6.2 삼각형 미생물

그래서 호염성균을 다시 세심하게 조사한 결과 발견하였다. 삼각 김밥 모양으로 생겼고, 거기다가 편모라는 운동기관까지 붙어 있어 기괴한 모습으로 헤엄쳐 다니고 있었다. 이 균은 25% 정도의 염분 농도가 아니면 살지 못한다.

생물 중에는 이처럼 생각지도 못했던 것도 존재한다.

내용매성균(耐溶媒性菌)

호염성균은 염분 농도에 대한 내성이 있으므로 소금절임에서도 살아 있다. 오히려 그런 상태를 좋아한다. 이 외에도 이러한 성질을 갖는 미생물이 있다.

내용매성균은 용매(溶媒)에서 생존해 있는 미생물을 말한다. 용매라는 것은 톨루엔과 벤젠, 알코올 등으로, 이것들은 보통 생물에게 있어서는 독이 된다.

발효공업의 불편한 점은 모든 반응을 물속에서 일으킨다는 점이다. 화학공업에서는 물에 불용성인 것을 다루고 있으므로 미생물이 화학공업에 진입하려면 어딘가에서 접점을 찾아야만 할 것이다. 즉 용매에 강한 미생물만 있다면 그것을 화학공업에도 이용할 수 있을 것이다.

이 내용매성균에 유전자 재조합 기술로 여러 가지 성질을 부여할 수도 있다. 아마도 이 내용매성이라는 성질도 유전자 재조합으로 다른 미생물에 부여할 수는 있을 것이다. 『미생물이라는 '가축'』의 저자 호리코시 고키 등은 내용매성균이 존재한다는 것을 전혀 몰랐다고 한다. 이들은 여러 가지 용매 속에서 살아 있는 생물을 스크리닝했다. 그 미생물을 숙주로 사용한 결과 이제까지는 물에만 녹는 화합물만을 상대로 했던 것이 용매에 녹이는 것도 가능해졌다.

미생물 이용은 물을 사용하는 공업에서 촉매를 사용하는 공업으로 조금씩 다가가고 있다. 지금 단계에서는 아직 100% 실용화되지는 못하지만 미생물은 석유공업에까지 발을 뻗은 것이다.

호(好)알칼리성균

이 균은 현실적으로 바이오테크놀로지에 이용되고 있다. 분비벡터를 만드는 유전자원으로서 혹은 사이클로덱스트린 생성과정에 호(好)알칼리성균(alkalophilic bacteria)의 DNA와 효소가 사용되고 있다.

최근 세제용 셀룰라아제의 공업적 생산이 시작되어 가정에까지 침투하고 있다. 세제용 프로테아제 생산 등은 큰 산업이라 할 수 있다. 호알칼리성균은 1969년 발견되었는데, 그때까지만 해도 그 존재조차 알지 못했다.

자석을 가진 균

재미있는 균이 더 있다. 실제로 어디에 쓰이는지는 알 수 없지만 이 균은 몸속에 자석을 가지고 있다. 그래서 이 균을 주자성 세균

(magnetotactic bacteria, 走磁性 細菌)이라 한다.

이 균은 몸 밖에서 철이온을 흡취하여, 그것을 몸속에서 산화철의 작은 결정으로 만든다. 이것을 마그네타이트(magnetite)라 한다. 이 마그네타이트에서 테이프레코더의 테이프에 붙어 있는 자석보다 훨씬 작고 정결한 결정을 얻을 수 있다. 이것은 인간이 만들 수 없을 정도로 작은 것이다.

몸속에 이와 같은 것이 있으면 당연히 지자기에 이끌리기 때문에 어떤 방향으로든 영구히 움직이지 않으면 안 된다. 주자성 세균은 어떤 의미에서는 불쌍한 균이라고 할 수 있다.

이 자석을 대량 생산할 수 있다면 바이오테크놀로지로서 여러 가지 이용을 생각할 수 있다. 그러나 대장균을 생각대로 대량 생산할 수 없는 것이 현실이다.

혐기성균

산소가 존재하면 죽어버리는 혐기성균(anaerobic bacteria)이라는 미생물도 있다. 이 균은 우리 몸속에도 다수 존재한다.

우리의 배설물 안에는 소화되지 않고 배설되는 것보다 미생물이 많은 편이다. 배설물 속에는 죽은 미생물, 혹은 살아 있는 것도 있다. 그중 80% 정도는 산소가 있으면 죽는 혐기성(嫌氣性)균이다. 우리의 배 속에는 메탄가스와 수소, 그리고 탄산가스가 존재할 뿐 산소는 없다. 혐기성균은 그 속에서 생육한다.

이 균에는 매우 변이적인 성질이 있어서 개중에는 클린에너지로 주목되는 수소를 만드는 능력이 있는 것도 있다. 또 메탄을 만드는 것도 있고 여러 가지 화합물을 만드는 능력이 있는 것도 있다. 그러한 성질을 잘만 이용한다면 석유 제조에도 기여하게 될 것이다. 메탄올, 에탄올, 프로판이 미생물에 의해서 만들어지게 된다면 그 전에 탄화수소 화합물의 생산도 가능할 것이다.

장래전망

앞으로 바이오테크놀로지는 어떠한 방향으로 나아가게 될 것인가? 구체적인 예를 검토해 보자.

첫째, 화학공업의 생화학화를 들 수 있다. 고온, 고압, 그리고 여러 가지 촉매를 사용하여 생산했던 것을 생화학적으로 만드는 것이 가능해진다면 위험성이 없는 설비에서 생산할 수 있을 것이다.

페놀(phenol)의 생성 등도 생화학적으로 가능해질 전망이다. 촉매를 사용하여 고온에서 만들었던 물질도 미생물로 대체될 것이 자명하다. 아직은 연구단계이므로 확실히 말할 수는 없지만, 예컨대 녹말에 어떤 종의 고세균을 작용시키면 이소프레노이드(isoprenoid)라는 석유에 가까운 물질을 만든다. 양적으로는 아직 공업화가 가능할 정도는 아니다.

녹말을 환원시키면, 즉 효소를 제거하면 그대로 탄소가 6개 있는 탄화수소가 된다. 현실적으로 탄소가 6개 있는 알코올이 존재하므로 알코올의 OH 부분에서 O를 제거해주는 등, 여러 가지 방법은 있겠지만 아직 기술적으로 확립되지 못했다.

　자연계에서는 에탄올, 프로판올이 미생물에 의해서 만들어지고 있으므로 그러한 연구를 추진해 나감으로써 꿈이 현실화될 수 있다. 플라스틱 등의 재생산, 재활용에도 가급적 바람직하게 이용할 수 있다. 이 모든 경우 고열성균과 초촉매 등이 만들어지지 않으면 속된 말로 말짱 헛짓이다.

　둘째, 제4장에서도 기술한 바 있는 공해 처리문제이다. 슈도모나스 등을 이용하여 독성이 강한 폐기물을 무독한 것으로 만들어가고 있다. 현재 실용화 단계에 들어 왔다.

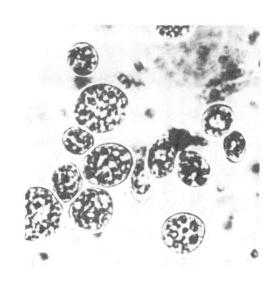

그림 6.3　세포 배양한 식물세포

셋째, 메탄올로부터의 시안(cyan) 화합물 생성 또는 에탄올(ethanol) 생성이다. 이것은 효모보다 더 하등의 자이모모나스라는 세균을 사용하는 것이 효과가 좋을지 모른다.

클로스트리듐이라는 혐기성균이 있다. 이 균을 사용하여 효율적으로 용매를 만들 수 있다.

넷째는 젖산(lactic acid) 내성이다. 미생물은 어느 정도까지 젖산이 만들어지면 죽는다. 그 때문에 젖산의 수율은 매우 좋지 않다. 이것도 유전자 재조합 기술로 내성균을 만듦으로써 양적으로 높은 수율로 젖산의 생산이 가능해진다.

다섯째는 제4장에서 자세하게 기술한 박테리아리칭을 들 수 있다. 미생물을 이용하여 빈광에서 여러 가지 광물 자원을 얻는다. 이것은 앞에서 기술한 바와 같이 이미 실용화된 것도 있다.

여섯째, 유전자 재조합 기술의 충실화를 들 수 있다. 효모와 곰팡이의 유전자 재조합 기술을 좀 더 발전시켜야만 한다. 이유는 이제까지 보아온 바와 같다. 특히 다운스트림 문제가 중심이 될 것이다.

일곱째는 2차 대사물의 이용을 생각할 수 있다. 재조합 기술 등을 이용하여 새로운 항생물질 등의 2차 대사물질을 만들게 된다. 여기에는 어려운 기술이 필요하지만 곧 실현될 것으로 믿어진다.

끝으로, 식물과 동물의 유전자 재조합 기술 확립이다. 이 책과 직접 관련은 없지만 식물의 유전자 재조합은 전 세계적으로 아직 부진한 상태이다. 시간은 걸리겠지만 이 기술을 발전시켜서 새로운 것을 만들어내는 것은 가능하지 않겠는가. 동물에 관해서도 마찬가지다. 이제부터의 연구는 이 식물과 동물의 유전자 재조합 기술을 중심으로 추진될 전망이다.

지금까지 미생물이 이용될 분야에 관하여 살펴보았다. 미생물에 국한해서 말한다면, 종래의 'biotechnology for medicine', 즉 '의료를 위한 바이오테크놀로지'라는 생각으로 연구를 추진해 나가는 것은 이미 낡은 사고(思考)이다.

지난날에는 목적하는 것을 소량으로 만들어도 적용할 수 있었지만, 바이오테크놀로지는 이미 그런 단계를 넘어선 지 오래다.

'Biotechnology for commodity chemicals', 즉 '화학공업의 생화학화'가 이제부터 나아가야 할 길인 것으로 생각된다.

현실적으로 실용화된 것은 아직 일부분에 지나지 않는다. 세계적으로 다양한 연구와 실험 등이 진행되고 있기는 하지만 미생물마저도 좀처럼 인간이 생각한 대로 응해주지 않는다. 그러나 그러한 연구와 실험 등을 계속해 나감으로써 목적이 달성될 것이라 확신한다.

제7장

미생물 활동의
새로운 측면

자연은 원래 영양조건이 낮다

흙이 되었든, 해수나 하천수 그리고 호수이든 자연환경의 대부분은 미생물의 증식조건으로 볼 때 원래 그다지 영양이 풍부한 편은 아니다. 그렇기 때문에 인간의 활동에 따른 환경오염이 더욱 심각한 의미를 갖게 된다.

본래의 자연조건에서는 육지권도 수역권도 저영양 미생물의 호적한 생활 장소였을 것임이 틀림없다. 오늘날에도 논과 숲, 그리고 비교적 오염이 덜 된 하천이나 대양에서는 상당히 많은 양의 저영양미생물이 살고 있고, 초지에도 저영양 미생물이 살고 있는 것이 최근 확인되었다. 각종 비료를 대량으로 시비(施肥)하는 밭에도 저영양 미생물은 존재하지만 그 양은 무논(水田)에 비해서는 매우 적은 편이다. 소독을 반복한 토양에서 저영양 미생물의 존재가 확인되지 않는 사례도 있다. 오염된 하천에서도 같은 경험을 하였으며, 그러한 환경에서는 고영양 미생물이 주된 거주자였다.

저영양 미생물에 관한 관심은 오늘날 별로 광범위하지 않다. 그렇기 때문에 그 존재와 분포에 관한 조사도 초보적인 단계에 불과하다. 그러나 환경의 오염 정도를 알 수 있는 중요한 생물지표로서 가장 주목되고, 조사 연구되어야 할 사안인 것은 분명하다.

유체 성분의 분해 속도

식물 유체 중의 유기물이 어떤 속도로 탄산가스로 분해되는지 캐나다에서의 연구를 예로 고찰하여 본다.

유체중 각 유기물의 분해 속도는 세 그룹으로 나눌 수 있다고 한다. 가장 분해가 빠른 것은 단백질과 아미노산 등 물에 잘 용해되는 유기물이며, 분해 속도는 분해에 의해서 원래의 물질이 절반의 양으로 감소하는 시간(반감기)에 따라 표시된다. 이 그룹의 경우 반감기는 며칠 정도로, 분해는 매우 빠른 편이다.

다음 그룹은 섬유소로, 반감기는 10일 전후로 약간 긴 편이다. 가장 완만한 것은 리그닌(lignin)으로, 수십 일의 반감기를 필요로 한다.

첫째 그룹의 대부분의 분해는 비노그라드스키(Sergei Nikol-aevitch Winogradsky ; 1856~1953)가 발효형이라 하고, 이 책에서는 고영양이라고 표현하고 있는 많은 종류의 미생물들에 의해서 처리되고 있다.

두 번째의 섬유소 분해는 셀룰로오스 분해효소를 갖는 국한된 미생물이 맡아 하고 있다. 이 미생물에는 고영양인 것도 저영양인 것도 모두 포함되어 있는 것으로 보인다.

분해가 가장 완만한 리그닌을 분해할 수 있는 미생물은 극히 소수밖에 알려져 있지 않다.

여기서 주목할 점은, 무논이나 숲에서 분리한 저영양 미생물 중에 리그닌을 분해할 수 있는 미생물이 상당히 많이 포함되어 있었다는 사실이다. 아마도 리그닌의 분해에서는 저영양 미생물들이 주된 역할을 하고 있는 것으로 생각된다.

무수한 미생물 사회

이제까지 유체 분해에서의 미생물의 역할이라고 하면 유기물을 탄산가스나 메탄으로까지 분해하는 것과 분해와 더불어 증식한 미생물체가 다른 생물의 먹잇감이 되어 생물사회의 먹이사슬에 공헌하는 것이었다. 그러나 저영양 미생물의 활동에 주목하면, 지금 하나의 새로운 사정이 떠오르게 된다.

저영양 미생물들은 모두가 공기 중이나 수중의 극히 미량의 유기물을 효율적으로 흡수할 수 있다. 그래서 낙엽의 퇴적층이나 흙 속에 무수하게 존재하는 폐쇄된 작은 공간에 사는 그들은 식물 유체를 분해하는 도중에 생성하는 중간 생성물을 확산에 의해서 미량 받게 되면 그 유기물을 대사하게 된다. 그들의 대사산물이 조금이라도 방출되면 곧바로 다음 저영양 미생물이 그것을 흡수하여 이용하게 될 것이다.

이리하여 미량의 유기물이 많은 저영양 미생물들에 의해서 다음 다음으로 이용된다. 저영양 미생물들에는 실로 다종다양한 것이 포함되어 있으며, 영양원으로 이용할 수 있는 것도 다양하고 폭넓어, 그들 서로의 관계를 한층 더 여러 갈래로 하고 있는 것으로 생각된다.

또 그들의 생명 유지와 증식에 필요한 에너지는 아마도 고영양 미생물보다 상당히 소량인 것으로 보인다.

이러한 점들을 고려하면 아무런 볼품도 쓸모도 없어 보이는 낙엽의 분해과정에 생각지도 못한 미생물들의 미소사회(微小社會)가 무수히 연결되어 활동하고 있는 것이 된다. 그들의 충실한 실태는 아직 거의 해명되지 못했지만.

복잡한 생활

토양미생물학자인 도호쿠대학교의 핫토리 쓰토무(服部 勉) 명예교수에 의하면, 저영양 미생물에 주목하여 연구를 진행하는 동안 미생물의 생활은 이제까지 생각해온 것보다 훨씬 복잡한 경우가 많다는 사실을 깨달았다고 한다. 예를 들면 자신들이 저영양 미생물로 숲에서 분리한 세균 중에 포함되어 있었던 델로비브리오(*Bdellovibrio*)의 경우도 그러했다는 것이다.

1960년대에 발견되었을 무렵, 이 세균은 단순히 다른 세균에 기생하여 증식하는 새로운 세균일 것이라고 생각했었다. 그러나 그 후에 이 그룹의 세균 중에는 기생생활과 단독생활 양쪽을 영위하는 '조건적 기생균'으로 불리는 것도 있음을 알았다고 한다. 재미있는 사실은 기생생활을 보내고 있는 시기의 세포는 풍부한 영양조건 아래서는 증식하지 못하고 저영양 미생물처럼 처신한다는 점이다. 이 시기의 세균은 지름 0.4미크론 이하의 작은 볼형의 시스트

(cyst : 휴면체의 일종)로 된다.

그러나 단독생활을 계속하고 있으면 풍부한 영양조건에서 증식할 수 있는 고영양 미생물로서 활동한다. 세포의 형체도 그림 7.1에서 보는 바와 같이 순차 모습을 변형시켜 나가는 듯하다.

흙 속에는 이 밖에도 다양한 기생성 세균이 살고 있다. 저영양 세균으로 분리한 것 중 몇 가지가 기생성인 것이 확인되었다. 이러한 기생성 미생물은 저영양 미생물뿐만 아니라, 대부분이 연구되지도 못하고 있다.

최근 미국에서 재향군인병의 병원균으로 주목된 레지오넬라(*Legionella*)균도 흙 속에서 기생생활을 보내고 있을 가능성이 있다고 한다. 아마도 이러한 기생성 세균은 흙 속에서는 어떤 두드러

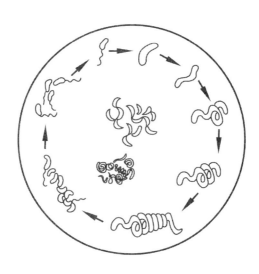

그림 7.1 활 모양의 형태를 나타내는 그룹

진 활동을 하지 않고 있는지도 모른다. 하지만 그래도 연구할 필요는 있다는 것이 핫토리 교수의 소견이다.

그는 또 이 중 어떤 것이 인간과 동·식물의 생활에 끼어들어 새로운 재해를 초래할지도 모른다는 사실을 결코 잊어서는 안 될 것이라고 충고하고 있다.

콜로니의 출현 시간

단위 시간 안에 증식을 시작할 확률에 대한 생각을 가급적 확장하거나 첨예화하여 흙에 사는 미생물들의 실생활에 보다 깊숙이 다가가 보기로 하자. 이러한 탐구는 한편에서는 가설의 증명을 보다 확실하게 할 것이고, 다른 한편에서는 흙의 미생물 연구에 완전히 새로운 방법을 도입하게 될 것이다.

이 기회에 평판법의 기초를 다시 생각해 보자. 이제까지 "살아있는 생물은 평판상에서 콜로니(colony)를 만든다"고 단순하게 생각해 왔었다. 그러나 1개의 세균에서 출발하였다고 하더라도 도중 몇 번이나 분열하여 몇만 개, 몇십만 개가 되어 비로소 콜로니로서 인간의 눈에 관찰되는 것이 아닌가. 얼핏 이제까지의 가설과 평판법의 데이터 사이에는 어떤 관계가 있음이 틀림없을 것으로 생각된다.

그런데 흙의 세균을 평판 위에 배양하여 콜로니를 만들도록 하는 실험에서 누구나가 한 번쯤은 고민할 심각한 문제가 있다고 한다. 그것은 배양을 어느 정도 하면 좋은가 하는 문제다.

보통 실험실에서 사용하는 세균은 12시간이라든가 24시간 배양하면 대부분의 경우 모든 콜로니가 나타나기에 충분한 시간이 된다. 그러나 흙의 세균의 경우 1주일 배양하여도, 2주일 배양하여도 새로운 콜로니의 출현은 계속해서 이어지므로, 충분한 배양시간이라고는 할 수 없다. 가령 1개월 동안 배양해도 역시 충분하다고 표현할 수 없다는 것이다.

왜 콜로니의 출현시간이 이처럼 길게 이어지는 것일까? 이제까지 이 질문은 진지하게 검토된 바가 없고, 상식적으로 흙에는 증식의 속도가 다른 다양한 미생물이 존재하기 때문일 것이라고 생각해 왔었다.

그러나 일단 만들어진 콜로니에서 집어낸 세균은 새로운 평판 위에서 훨씬 빠른 시간에 콜로니를 만드는 것이 일반적이다. 왜 그러할까?

핫토리는 이 문제야말로 모세관 실험에서 생각한 가설을 확장하여 적용할 좋은 대상이라고 생각하게 되었다고 한다. 그래서 먼저 예의 가설을 다음과 같이 확장했다고 한다. 즉 "평판 위에서의 세균의 증식 개시도 동시가 아니라 확률적으로 일어난다. 따라서 콜로니의 출현도 증식 시작 확률을 반영하여 마찬가지로 확률적으로 일어나는 것이 틀림없다"는 것이었다.

이 새로운 가설을 전제로 하면, 평판상의 콜로니는 어떤 배양시간 후에 출현하기 시작하고, 그 수는 처음에 급속하게, 결국에는 서서히 일정 값을 향하여 증가해 나간다고 기대되는 것이 계산에 의해서 제시되었다. 또 실제 흙의 세균의 콜로니 형성 경과는 이 계산결과와 매우 잘 일치된다는 사실도 제시되었다.

맥라렌 교수 추도문

1982년 가을, 전문 학술지인 〈Soil Biology and Biochemistry〉가 맥라렌 교수 추도호를 발간했다. 그 기고 논문에서 핫토리 쓰토무는 "모세관 실험의 결과는 흙의 세균 증식은 단위 시간 안에 낮은 확률로 일어나고 있다는 가설에 의해서 설명된다. 이 가설은 다시 평판 위에서의 세균의 콜로니 형성과정에도 적용할 수 있다"는 것을 제시했다. 그리고 마지막에 "이러한 결론은 맥라렌 교수가 남긴 의문에 대한 해답이 될 것"이라고 기술했다.

즉 흙 속에는 각종 아질산 산화균을 포함하여 어떤 세균의 증식 개시도 낮은 확률로 일어나기 때문에 실험실에서처럼 증식속도가 빠른 것일수록 보다 많이 증식하지는 않는다. 흙에 2종의 아질산 산화균이 있었다고 한다면 양쪽 모두 어느 정도 증식하여 공존할 수 있는 가능성이 충분히 있을 것이라는 소견이다.

콜로니 출현곡선

콜로니 출현이 확률적으로 일어난다는 가설을 이용하여 기대되는 콜로니 출현곡선을 이론적으로 구할 수 있다. 순수 배양한 몇 개의 세균을 평판 위에서 배양하여 콜로니를 만들게 하면 그 경과는 이론곡선과 잘 일치한다.

그런데 이론적으로 구해지는 콜로니 출현곡선은 세 상수에 의해서 결정된다. 첫째는 콜로니가 출현하기 시작하는 시간(곡선이 원점인 시간이 아니라 이 시간보다 늦게 시작한다는 의미에서 '지체시간'이라한다), 둘째는 출현 시작에서 절반의 콜로니가 출현하기까지의 시간(콜로니를 형성하는 세포의 반수가 증식을 시작하는 데 필요한 시간이기도 하므로 '반증기'라 한다)이다. 그리고 마지막으로는 '최종 콜로니수'(정확하게는 그 기댓값)이다.

콜로니 출현곡선이 세 상수에 의해서 결정되므로 배양 중에 3회 이상 콜로니 수를 측정하면 최종 콜로니 수를 계산에 의해서 구할 수 있게 된다.

이것은 평판법에 있어서는 큰 변화이다. 이제까지는 충분한 시간 동안 배양한 후, 콜로니를 세어 측정결과로 삼아 왔었다. 따라서 충분한 시간의 길이가 문제되었다. 그러나 이제 이런 문제는 해소되었다.

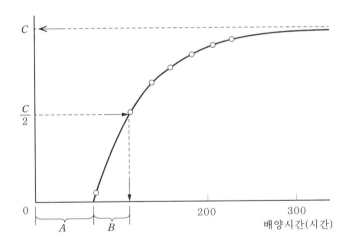

그림 7.2 저영양 세균인 아그로모나스(*Agromonas*)의 콜로니 출현곡선.
○은 실측값, 실선은 이론곡선을 표시한다. *A* : 지체시간, *B* : 반증기, *C* : 최종 콜로니 수.

지체시간

콜로니 출현이론에 의하면 최종 콜로니 수 외에 다른 두 상수가 있으며, 측정 결과에서 그 값들을 구할 수 있다. 그럼 그 두 상수는 각각 어떤 의미를 포함하고 있는 것일까?

우선 지체시간인데, 이것은 평판상의 세균이 육안으로 보이는 콜로니를 형성하는 데 필요한 최단시간이라 간주할 수 있다. 즉, 배양 시작과 동시에 증식을 시작하고 연속적으로 증식을 계속하여 콜로니를 출현시키기까지의 시간에 대응하는 것이다. 따라서 증식이 빠른 세균일수록 지체시간이 짧아진다. 반대로 지체시간으로 증식속도를 추정할 수도 있을 것이다.

사실 동일한 배지를 사용하여, 흙에서 분리한 각종 세균의 증식속도와 지체시간을 측정하여 보면 양자는 마이너스의 상관(즉 역비례) 관계에 있음을 나타낸다.

반증기

다음에 반증기는 무엇을 반영하는 것일까? 대장균이나 흙에서 분리한 세균의 순수 배양을 사용하여 검토하고 있는 사이에 흥미로운 사실을 발견했다. 이들 세균을 새로운 배지에 이식하면 증식이 시작되고, 얼마 지나지 않아 기하급수적으로 증식한다. 어느 정도 세균의 밀도가 높아지면 증식속도가 급속하게 떨어져 결국에는 거의 증식하지 않게 된다. 이러한 상태에서 배양 세균을 방치할 때 세균의 배양은 '낡아진다'고 한다. 낡아지면 세균은 점차 활발함을 잃어간다.

그런데 낡아진 배양 중인 세균이 평판 위에서 콜로니를 만들 때 콜로니 출현곡선을 증식 중인 세균의 콜로니 출현곡선과 비교하여 보면, 지체시간은 양쪽 모두 거의 같은 값이었다 한다. 그러나 반증기는 배양이 낡아감에 따라 급속히 길어지는 경향을 보였다. 이것은 역으로, 반증기를 측정하면 평판 위에 이식된 세균의 생리상태(증식 중이라든가 증식 정지 후 상당히 낡아졌다든가)를 추정할 수 있음을 나타낸다.

새로운 이론의 전개

새로이 구상한 콜로니 출현 이론에서는 세균 세포의 집단 속에 있는 각 세포는 새로운 배지로 옮겨졌을 때 동시가 아니라, 시간경과 속에서 확률적으로 각개약진으로 증식을 시작하는 것을 가정한 바 있다. 그렇다면 과연 이와 같은 확률적 증식 개시가 실험에 의해서 확인이 가능할 것인가?

이와 관련하여 핫토리 교수는 그의 저서 『대지의 미생물세계』에서 다음과 같이 밝히고 있다.

내가 새로이 구상한 콜로니 출현 이론에서 인용한 가정을 보다 직접적으로 증명해줄 데이터가 보고된 것이 없는지, 나는 우선 과거의 논문 속에서 그것을 찾기로 했다.

내가 구하려는 데이터는 구체적으로 하나하나의 세균 세포가 어떻게 증식을 시작하는가를 논할 수 있는 것이었다. 많은 연구자들이 생각지도 않는 이런 류의 문제와 관계가 있을 만한 데이터를 찾는 데는 약간의 추리와 탐구심이 필요했었다.

토양미생물학을 지망하고 얼마 지나지 않은 무렵 도서관에서 본 전문잡지에 파월이라는 사람이 세균의 세대(世代) 시간을 복잡한 통계식을 사용하여 논했던 것이 생각나, 그 무렵의 논문을 뒤져 보았다. 하지만 배양 개시 시간이 기재되지 않은 데이터가 많아 쓸모가 있을 것 같지 않았다. 그러나 더 이전인 1932년에 런이 발표한 논문에는 배양 개시에서 얼마만큼의 시간 경과 후 세포가 분열했는가 하는 데이터가 있는 것을 발견했다.

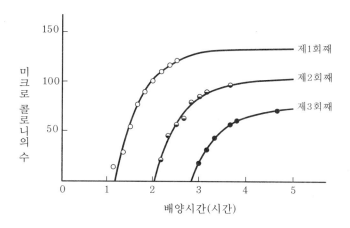

그림 7.3 케스넬의 데이터를 사용하여 그린 미크로 콜로니의 출현곡선
분열횟수에 따라 세포의 수는 2개, 4개, 8개로 되며, 이러한 세포의 집단을 미크로 콜로니라고 한다.

서둘러 그 데이터를 환산하여 배양시간과 분열세포수의 관계를 검색해본 결과, 콜로니 출현과 마찬가지의 이론곡선으로 나타낼 수 있음을 알았다.

내가 태어난 해에 이러한 데이터가 발표되었다는 사실에 나는 운명을 느꼈다.

나는 욕심이 났다. 좀 더 길게 세균의 증식경과를 추구한 데이터는 없는지, 만약 그러한 데이터가 있다면 어떤 모습으로 콜로니가 만들어지는지, 그리고 그것은 새로운 이론의 아이디어와 일치하는지 여부를 확인하고 싶었다.

다행히도 1963년에 그런 데이터가 발표된 적이 있었다. 케스넬이 대장균의 세포 약 150개를 몇 회로 나누어 현미경 아래서 배양하며 그 세포분열을 3회까지 추적하여 각 세포의 분열시간을 기록한 것이었다. 즉시 이 많은 양의 데이터를 다시 조합하여 제1회째, 제2회째, 제3회째에 각각 세포분열이 일어나는 시간을 조사해 보았다. 그 결과는 모두 콜로니 출현곡선과 마찬가지로 이론곡선과 잘 맞아떨어졌다(그림 7.3 참조).

런과 케스넬의 데이터를 해석한 결과는 더욱 중요한 사실을 나타내고 있었다. 즉 1회째 분열곡선의 지체시간은 각 세균의 세대시간과 거의 일치했다(정확하게는 약간 길다). 이것은 1세대 시간 전의 시점, 즉 배양 개시 때에 증식 개시 곡선이 출발하고 있음을 의미한다.

더욱이, 분열횟수가 증가함에 따라 그 이론곡선의 지체시간은 1세대 시간분만큼 크게 되어 갔다. 이와 같이 분열이 진행된 결과, 육안으로 관찰할 수 있는 콜로니 출현의 이론곡선이 형성된다고 할 수 있다.

이렇게 하여 현재는 까마득히 잊혔던 두 낡은 데이터가 새로운 이론을 크게 뒷받침해 주었다.

그리하여 콜로니 출현 이론의 골자는 실험사실에 의해서 상당히 강력하게 입증되었다.

여기에도 선인들의 발자취가

과학에서는 어떠한 새로운 이론일지라도 잘 조사해 보면 그 선구자가 있는 경우가 많다. 토양미생물학 분야에 있어서도 마찬가지다. 먼저 힌셜우드(Cyril Noman Hinshelwood;1897~1967)는 1946년에 출판된 그의 저서에서 콜로니 형성의 통계를 논했다. 단지 현재와 다른 점은 증식 시작을 단순히 잠복시간의 널뛰기로 취급한 점이었다.

또 한 사람의 선구자는 뷰캐넌으로, 그는 1918년에 발표한 논문에서 다음과 같은 아이디어를 제시했다.

그가 논한 것은 콜로니 형성은 아니었다. 액체 배지에서 세균을 배양하면 그 초기에 잠복기라 불리는, 증식이 인식되지 않는 시기가 있다. 그는 이 잠복기가 어떻게 일어나는지를 논했다. 액체 배지 속에서 세균은 동시에 일제히 증식을 시작하는 것이 아니라 어떤 분포함수에 따라 시작한다고 했다.

그가 생각한 분포함수는 상수를 7개나 포함하는, 상당히 복잡한 것이었지만 그 의미는 설명되지 않았다. 그 탓인지 부캐넌의 이 아이디어는 별로 주목받지 못하고 묻히고 말았다.

흙의 세균이 보내온 메세지

흙 속의 세균들은 도대체 어떤 생활을 하고 있을까? 활발하게 활동하고 있을까, 아니면 조용히 생을 영위하고 있을까?

이 물음에 직접 대답할 만한 정보는 이제까지 아무것도 없었다. 그러나 새로운 이론은 흙 속 세균의 콜로니 출현곡선 해석으로 필요한 정보를 얻을 수 있는 가능성을 제시했다.

케스넬의 데이터를 잘 읽어보면 새로운 사실을 깨달을 수 있다. 한천 배지상의 세균은 각각 분열하여 2개, 4개, 8개로 증가하지만 개중에는 2개로 증식을 멈추거나 4개로 멈추는 것을 여기저기서 볼 수 있다. 그래서 증식 정지가 일어나는 비율을 조사하여 보면 상당히 규칙적으로 일어나며, 이 규칙성으로 미루어 볼 때 한 번도 분열하지 않은 세포도 있을 것이라고 예측되었다. 한 번도 분열하지 않는 세포는 실제로 관측되었으며, 그 수는 예측값과 거의 일치했다.

이와 같은 사실로 봤을 때, "어떤 종의 상태"에 있는 세균은 일정한 규칙성으로 증식하지 않거나 증식을 정지하기도 한다는 가정을 추가하기로 했다.

"어떤 종의 상태"라는 것은 현재로서 명확하게 한정할 수는 없다. 다만 이 가정은 흙이나 하천수, 해수 중의 세균으로, 평판 위에서 콜로니를 만드는 것은 1% 이하에 불과하다는 것을 설명하는 데 유용할 것으로 생각된다.

뜻밖의 단순함

흙에는 온갖 다양한 미생물이 살고 있다. 이들 세균이 한 장의 평판 위에서 콜로니를 형성할 때, 과연 콜로니 출현 이론을 적용할 수 있을 것인가? 이 문제를 연구하기 위해 흙 속 세균의 콜로니 형성을 처음에는 2~3시간 간격으로, 나중에는 12시간, 하루, 1주일간으로 점차 간격을 길게 하면서 여러 번 측정하기도 했다.

그 결과를 자세히 보면, 순수 배양한 세균의 콜로니 출현곡선과 같은 이론곡선을 여러 개 중합한 것에 거의 가까운 결과를 답습하고 있었다(그림 7.4 참조).

여기서 작심하고 흙의 세균처럼 여러 종류의 세균이 콜로니를 형성할 때, 그 출현은 몇 단의 이론곡선(각 단의 곡선 각각을 성분곡선이라 함)을 따라 일어난다고 가정하고, 각 성분곡선을 콜로니 출현이론의 입장에서 논하기로 한다.

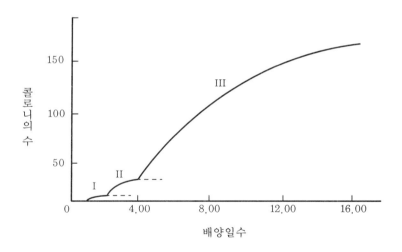

그림 7.4 무논(水田)의 세균 콜로니 출현곡선

I, II, III은 성분곡선으로, 각각 그림 7.2의 곡선에 해당한다고 가정한다.

이 가정은 흙의 다수 세균은 콜로니 형성 입장에서 몇 종의 그룹으로 나누어지는 것을 예상하고 있고, 이 예상을 실험적으로 입증할 수 있는 가능성도 포착하여 현재 상세한 검토를 하고 있다. 이 가정은 상당한 정도 유효하다고 할 수 있다.

성분곡선의 의미

논의 세균이 콜로니를 형성할 때의 성분곡선에는 몇 가지 규칙성이 인지된다.

첫째로 배양을 시작하고 최초로 나타내는 성분곡선을 따라 콜로니를 출현시키는 것은 고영양 세균뿐이다. 그에 대하여 세 번째 이후의 성분곡선을 따라 콜로니를 출현시키는 것은 거의 저영양 세균이라 할 수 있다. 두 번째 성분곡선의 경우는 양자의 세균이 포함되어 있다.

둘째로 첫 번째 성분곡선의 반증기(반수의 세균이 증식상태에 들어가는 데 필요한 시간)는 0.5~0.8일 정도가 많다. 두 번째 성분곡선에서는 0.8~1.5일 정도, 세 번째 곡선은 1일~1주일 정도의 범위가 된다. 또 네 번째 성분곡선은 수개월 이상 측정하여야 비로소 인지되는 것으로, 반증기는 70일 이상으로 매우 길다.

셋째로 각 성분곡선을 따라 출현하는 콜로니의 수는 최초의 성분곡선이 가장 작은 것이 보통이고, 성분곡선이 나타나는 순으로 급격하게 크게 된다. 보통 측정에서는 세 번째 성분곡선까지밖에 측정되지 않지만 그 콜로니 수의 10% 이하가 최초의 성분곡선을 따라 나타난다. 또 네 번째 성분곡선을 따라서는 세 번째 성분곡선보다 상당히 많은 콜로니가 출현하는 것이 10개월간의 배양실험으로 확인되었다.

성분곡선의 정보를 읽는다

우선 각 성분곡선으로부터 구하는 반증기의 값에 대하여 고찰해 보기로 하자. 앞에서 기술한 바와 같이 반증기는 새로 배양한 세균을 평판 위로 옮겼을 때 가장 짧고, 낡은 배양세균일수록 긴 반증기를 갖는다. 첫 번째 성분곡선인 고영양 세균의 반증기가 0.5~0.8일 정도라고 하면, 이 값은 순수 배양에서 생각했을 때 증식이 끝나고부터 10일 이상 낡은 세균이 나타내는 값으로 추정된다. 즉 이 그룹의 세균에는 흙 속에서 약간 이전(10일 전인지 1개월 이전인지는 불명)에 증식한 것으로 의심되는 것이 포함되어 있다고 할 수 있다.

세 번째 성분곡선은 저영양 세균으로 이루어지지만 1일에서 1주일간이라는 반증기는 순수 배양 실험에서 본다면 이상하리만큼 긴 값이다. 증식을 끝내고부터 수십 일 지나 겨우 도달할 수 있는 값이다.

이 그룹에는 아마도 몇 개월이나 이전에 증식하였을지도 모르는 세균이 많을 것으로 생각된다. 세 번째 성분곡선을 따라 콜로니를 출현시킨 세균은 중간적인 것으로, 수개월 안에 한 번은 증식한 적이 있는 것으로 추정된다. 또 네 번째 성분곡선의 반증기는 약

60일로 길었다.

그런데 흙의 세균으로 첫 번째 성분곡선을 따라 콜로니를 만드는 것은 극히 일부이고, 대부분은 세 번째 이후의 성분곡선을 따라 콜로니를 만든다. 이것은 대부분의 세균은 증식 후 상당히 긴 시간을 경과하고 있음을 나타낸다.

생활의 실태

흙에 사는 미생물들은 파스퇴르 이후 많은 사람들이 믿는 바와 같이 지구상의 물질을 변화시켜 생물사회를 뒷받침하기 위해 늘 열심히 활동하는 것은 아닌 듯하다. 이 점은 이미 여러 연구자들에 의해서 논의되어 왔다.

그러나 새로운 이론은 토양의 세균이 평판 위에서 콜로니를 형성하는 과정을 연구함으로써 흙 속에서의 그들의 생활상을 보다 직접적으로 알 수 있게 했다. 더욱이 그것은 활동하고 있느냐, 휴면상태에 있느냐 하는 기계적인 분별법이 아니라 절반의 것이 증식을 시작하는 데 필요한 시간(반증기)으로 정량적으로 표현할 수 있다.

그런데 여기서 증식 개시에 필요한 시간이란 말할 것도 없이 증식에 필요한 영양물이 공급된 때를 기점으로 한 시간을 말한다. 그렇다면 실제로 흙에서 이러한 영양물의 공급은 어떻게 이루어지고 있을까? 미경작지인 경우는 식물의 낙엽, 말라죽은 초목, 그리고 식물 뿌리의 분비물이 우선 주목되고, 여기에 크고 작은 토양

동물과 미생물의 분비물, 유체 등이 부가된다. 경작지인 경우는 퇴비와 화학비료 등의 거름이 더해진다.

이로 미루어 미경작지에서의 영양물 공급은 흙의 공간에 국한된 부분(국부)에서 일어나고, 그 주변에 사는 미생물만이 영향을 받는다. 즉 증식기회가 주어지게 된다. 이렇게 하여 극히 일부분의 미생물만이 활발하게 증식하거나 다른 생물에게 잡아먹히지만, 대부분의 미생물에게 있어서는 증가의 기회가 별로 많지 않은 것으로 보인다. 한 해에 1~2회 있을지, 어쩌면 몇 해에 단 한 번뿐일지도 모른다. 게다가 증식이라고는 하지만 그 대부분은 1~2회 세포분열하는 정도가 아니겠는가.

경작지에서는 퇴비와 화학비료 등의 거름을 주고, 농작업에 의해서 흙이 갈아엎어지기 때문에 보다 많은 미생물들에게 보다 많은 증식의 기회가 있을 것이다. 증식의 기회가 어느 정도 많아지면 흙의 미생물 사회의 안전성에도 영향이 나타날 것이다.

이처럼 흙에 사는 미생물이 영양물의 공급을 받아 증식하고, 많은 자손을 낳는 현상은 자주 볼 수 있는 것은 아니다. 실험실에서는 보통으로 관찰할 수 있는 증식현상이 흙에서는 드물다는 사실은 현대 미생물학이 왜 토양미생물 연구에 충분한 힘을 발휘하지 못하고 있는가를 설명해 주는 것으로 생각된다고 미생물학자들은 아쉬움을 토로한다.

탐구의 전도(前導), 길 없는 길

지구상에는 실로 많은 미생물들이 살고 있다. 대지에는 말할 것도 없고, 해양이나 호수, 하천에도 다종다양한 미생물들이 그 삶을 영위하고 있다. 이들 미생물은 육안으로 관찰할 수도 없으며 그 종류와 생활실태는 과학적 방법에 의해서 비로소 탐구된다.

하지만 오늘날의 미생물학은 고도로 발전하였음에도 불구하고 자연에 사는 이들 미생물들의 많은 생활실태를 탐구하는 유효한 방법과 기술을 제공하지 못하고 있다. 왜 그러한가? 여기서 다시금 이 문제를 고찰하여 보자.

일상생활에서 어딘가로 가려고 할 때, 우선 도로망이라든가 교통편을 알아보는 것이 일반적이다. 이와 같은 사정은 인간이 문명을 갖기 시작한 아득한 옛날에도 마찬가지였을 것이다. 하지만 옛날에는 오늘날과 같은 정비된 도로며 교통편이 없었다. 초기의 길은 산과 들판의 여기저기에 무엇인가 표적이 될 만한 바위나 수목이 있을 정도여서 사람들은 때로는 길을 잃고 길 없는 길을 헤맸을 것임이 분명하다.

그럼에도 불구하고 그 시대의 사람들에게 있어서 길은 목적지로 가는 중요한 존재였을 것이다. 드디어 인간은 사물의 모습과 그 변화의 원인을 탐구하게 되었으며, 많은 시행착오를 겪고서야 탐구에도 길이 있다는 것을 깨닫게 되었을 것이다.

'방법(method)'이라는 말은 '길을 따른다'는 의미의 그리스어

'meta hodos'를 어원으로 하는 것이라고 한다. 설마 그 어원이 아직도 살아 영향을 미치기 때문은 아닐 것이다.

근대과학의 탄생기에도 방법에 대한 사고(思考)가 매우 큰 의미를 가졌었다. 베이컨, 데카르트, 갈릴레이를 비롯한 많은 선구자들이 반복하고 또 반복하여 방법 문제를 논한 것도 그 때문이었을 것이다.

20세기 초반에서 중후반에 걸쳐 과학은 많은 분야에서 현저한 발전을 이루었다. 이 시기의 과학자들도 또한 방법 문제에 깊은 관심을 갖고 온갖 논의를 했다. 그러나 이윽고 새로 개척된 이론과 기술에 따라 크고 작은 프로젝트가 그물눈처럼 만들어지고, 과학자들은 그 구성원으로서의 역할을 담당하게 되었다.

방법에 대한 그들의 관심은 실험장치라든가 기기의 이용법, 조작법에 집중되기 시작했다. 그것은 고도로 정비된 근대적인 도로와 흡사했다. 도로의 경우는 탐구보다도 배우고 익히는 것이 보다 크게 요구된다.

그러나 과학 연구의 두드러진 특징은 언제나 기성 이론을 추월하여 미지의 것을 탐구하는 데 있다. 여기서는 방법도 본래의 의미대로 길 없는 길의 탐구가 되고, 기성 이론의 기초 그 자체가 비판의 대상이 된다.

방법에 대한 관심

근대과학 중에서 가장 전형적인 변혁기를 체험한 분야는 물리학이었다. 고전적 뉴턴역학은 19세기 말부터 20세기 초반에 걸쳐 연이어 제기된, 원자의 구조에 관한 제(諸) 발견을 설명할 능력을 갖지 못했다. 새로운 원자 세계의 탐구에는 새로운 이론이 요구되었다.

그래서 등장한 것이 양자역학(quantum mechanics, 量子力學)이다. 이 양자역학의 등장과정에서 물리학자들은 새삼 고전역학의 기초를 논하고, 새로운 양자역학의 기초를 쌓으려고 했다.

한편, 미생물학은 그 기초에 대한 심각한 반성을 아직 한 번도 체험하지 못했다고 할 수 있다. 19세기에 건설된 파스퇴르적 미생물 이론은 조금도 흔들림 없이 발전을 이어온 것처럼 보인다. 그러나 사실은 그렇게 단순하지도 순조롭지도 않았다.

파스퇴르적 이론은 실험실에서 배양하고 있는 미생물에 대해서는 매우 유효하지만 흙이나 바닷물, 하천수 등에 사는 미생물에 대해서는 별로 힘을 쓰지 못한다는 것이 이미 20세기 초반에 상당히 명백하게 밝혀졌다. 이 문제를 가장 격한 어조로 논한 사람은 비노그라드스키였다.

99%의 미지, 미생물 세계

오늘날 우리 인간은 대지에 사는 미생물에 대하여 아는 것이 너무나 적다. 미생물학의 방법에 따라 대지에서 세균을 분리하고, 그 성질을 연구하기 위해서는 우선 그 세균이 평판 위에서 콜로니를 형성해 줄 필요가 있다. 하지만 평판 위에서 콜로니를 형성하는 세균의 수는 보통 현미경으로 관찰되는 세균수의 100분의 1 정도이다. 즉 흙의 세균 중 1% 정도만 콜로니를 형성한다.

그러나 실제로는 또 하나 피할 수 없을 어려움이 기다리고 있다. 한번 평판 위에서 콜로니를 형성한 세균은 새로운 배지로 옮겨 순수 배양할 필요가 있다. 그러나 콜로니를 만든 세균이 반드시 이식에 의해서 순수 배양된다고는 단정할 수 없다. 흙의 세균의 경우 평판 위에서 한번 콜로니를 만들었지만, 이 콜로니에서 세포를 새로운 배지에 옮겨 배양하려고 해도 두 번째 증식은 하지 않을 확률이 절반 정도인 것이 일반적이다. 기술이 서툴러서가 아니라 증식 중단현상인지도 모른다고 한다.

오늘날의 미생물학적 방법에 의해서 연구할 수 있는 가능성은 흙에 사는 세균 중 1% 이하 이고, 나머지 99% 이상은 현재로서는 손을 쓸 수 없는 세균들이라고 한다.

1%의 문제점

그렇다면 순수 배양할 수 있는 1%가 될까 말까한 세균에 대하여 우리는 어느 정도 이해하고 있는 것일까? 이 측면에서도 연구의 성과는 극히 한정된 범위에 집중되어 있다는 것이 전문가의 소견이다.

흙의 세균에서, 현재 연구의 최고 수준, 또는 그에 가까운 수준에까지 그 성질이 잘 연구되어 있는 것은 열 손가락으로 셀 정도라고 한다. 약간 조잡하기는 하지만 상당히 잘 연구된 세균은 수십

종 정도일 것이라 하고, 일단 연구되어 기록, 정리된 것도 수천 종으로 추정하고 있다.

1그램의 흙 속에는 평판 위에서 콜로니를 형성할 수 있는 세균이 가장 잘 연구된 경우일지라도 겨우 수백 개의 세균을 고를 정도이고, 더욱이 이러한 광범위한 연구는 극히 소수로, 흙의 세균에 관한 대부분의 연구는 각개 세균의 성질에 눈을 돌리지 않고 각 그룹의 특정 활동을 측정하는 데 한정되어 있는 느낌이다.

더욱 중요한 사실은 오늘날 미생물학 연구에는 몇 개의 사각(死角)이 있다는 점이다. 또 클뤼버와 비노그라드스키가 강조한 바와 같이 순수 배양에서 세균이 나타내는 성질은 흙 속에서 나타내는 성질과 어느 정도 같은가 하는 의문도 남아 있다.

지구는 미지의 미생물로 가득하다

오늘날 과학과 기술의 발전은 참으로 경이로울 정도이다. 신문과 TV 등이 보도하는 연구의 발전은 그야말로 일진월보(日進月步)이다. 과학의 많은 분야에서 이와 같은 발전을 보고 느낄 수 있다. 그로 인해서인가, 이미 지구상에서 미지의 세계는 사라진 것이 아닌가 하는 생각도 든다. 과연 그러한가? 적어도 생물에 관한 한 그것은 사실이 아니라고 할 수 있다.

제2회 국제생물학상을 수상한 레이븐(Peter Raven；1936~)에 의하면 열대지역 생물들 대부분은 아직 보고되지도 않았다고 한다. 가장 많이 연구된 조류와 포유류마저도 매년 새로운 종이 보고되고, 곤충은 한 종류밖에 기재되어 있지 않다. 선형 동물과 진드기류, 균류에 이르러서는 분류학적 연구가 아직 시작되지도 않았다고 한다.

미생물에 대하여 말하자면, 열대뿐만 아니라 지구상의 온갖 장소에 미지의 미생물이 은거하고 있다고 할 수 있다. 더욱이 콜로니를 만드는 미생물은 전체의 1% 정도란 사실을 생각하면 지구상에는 얼마나 많은 미지의 미생물이 존재하는지 상상할 수 있다.

미지의 생물을 찾아내는 것만이 끝은 아니다. 이 생물들의 삶을 이해하는 것과 그들을 둘러싼 환경 간의 복잡한 상호작용을 해명하는 것도 숙제로 남아 있다.

인간이 미생물의 모습을 보게 된 때부터 불과 3세기 정도밖에 지나지 않았다. 본격적인 과학 연구를 시작한 것은 겨우 1세기에 불과하며, 이 1세기 사이에 하지 못했던 것도 다음 세기에는 가능할 것이라 생각되는 것이 많다. 하물며 10세기나 지난다면 오늘날의 우리가 상상하지 못할 만큼 연구는 발전되고 미생물에 대한 이해도 깊어질 것으로 믿는다.

끝없는 가능성

미생물의 능력은 참으로 다양하다. 이것은 대지에 사는 미생물 중 극히 소수의 미생물에 대한 연구의 결과 얻어진 결론이다. 또 이제까지 연구된 능력은 주로 물질을 화학적으로 변화시키는 능력이었다. 더욱이 미생물들이 물질을 합성시키는 능력에 대해서는 지금도 많은 부분이 미지의 상태로 남겨져 있다. 그런 만큼 이 화학적 능력의 다양성에 관한 결론은 무게를 가지고 있다고 할 수 있다.

아마도 이 결론은 아직 연구되지 않은 미지의 미생물에도 적용될 것으로 보인다. 새로 발견되는 미생물에서 새로운 화학적 능력을 발견할 확률이 낮을 것으로는 생각되지 않는다. 대지에는 예기치 못한 새로운 능력을 가진 미생물이 아직도 다수 존재할 것이 틀림없다.

한편, 미생물이 갖는 물리화학적 또는 물리적 특성, 그리고 능력에 대해서는 이제까지 극히 일부분밖에 연구되지 않았다고 할 수 있다. 미생물 세포가 갖는 콜로이드화학(colloid chemistry)적 특성과 세포 표면의 장력(tension) 및 전기화학적 능력, 더 나아가서는 결정(結晶) 성장의 핵이 되는 능력 등 모두가 새로운 가능성을 갖고 있는 것으로 생각된다.

또 전류, 자기장, 전자기파, 음파, 고압 등의 물리적 요인과 특별한 연관을 갖는 미생물 문제도 더욱더 주목될 전망이고, 물리적 또는 물리화학적 관점에서 보아도 미생물의 능력은 실로 다양할 것이다.

따라서 그 하나하나의 발견은 인간 생활에 새로운 효과를 가져다 줄 것으로 기대된다. 또 이와 같은 제반 발견은 배양에만 의존해온 미생물 사냥의 방법(분리법)에 혁명적 변화를 초래할 가능성도 있다.

이와 같이 생각하면, 인간의 미생물 탐구에는 끝없는 가능성이 숨겨져 있다. 이 가능성을 위해서도 미지의 것을 소중하게 하는 것이 후세에 남겨줄 수 있는 최대 유산이 될 것이다.

만인에 의한 미생물 탐구

　자연에 관한 탐구는 처음에는 소수만의 고독한 도전으로 시작하였지만, 이윽고 만인이 참여하여 만인에 의해 논의되고 탐구되었다. 눈에 보이지 않는 생물인 미생물의 경우가 그러하다.

　지금으로부터 300여 년 전, 마이크로 세계에 대한 깊고 강한 관심에 있어서, 또 단안현미경을 들여다보고 그것을 주의 깊게 관찰하는 시력(視力)에 있어서, 그리고 관찰한 마이크로 세계의 모습을 이해하는 데 있어서 발군의 능력을 발휘한 레벤후크에 의해 미생물 세계에 대한 고독한 탐구는 시작되었다. 레벤후크는 탐구의 성과를 편지로 써서 영국과 네덜란드의 지식인들에게 보내 그들의 호기심을 끌었다. 레벤후크의 관찰에 대한 정보는 다른 유럽 각지의 지식인들에게도 전파되고, 특히 당시 러시아 황제 표트르의 관심을 샀다.

　그러나 레벤후크의 위업에 대한 소식을 접한 사람은 그와 같은 세대의 유럽 지식인 소수에 불과했다. 그래서인지 그가 죽고 100여 년 동안 미생물 세계에 대한 관심은 급속하게 냉각되었다. 사람들이 다시금 미생물에 눈을 돌린 것은 19세기 중반 파스퇴르가 자연발생설에 대하여 비판적 연구를 발표하고부터이다.

　파스퇴르에서 시작된 19세기 후반의 미생물학은 발효, 부패, 질병 등 사회적으로 매우 중요한 현상의 당사자인 미생물을 정력적으로 연구하여 연속적으로 문제를 해결해 나갔다. 그 때문에 세계

각지에서 다수의 과학자가 미생물 연구에 참여하게 되었고, 신문도 끊임없이 미생물 연구에 주목하여 그 성과를 사회에 알렸다.

20세기에 들어오며 이 경향은 더욱 광범위하게 강화되었다. 하지만 미생물을 직접 관찰하고 연구하는 것은 사회 전체에서 국한된 사람들뿐이라는 사실은 예나 지금이나 변한 것이 없다.

대부분의 사람들은 미생물에 관심이 있다 할지라도 결국은 본 적도 없는 생물이다. 산이나 들에서 화초를 감상하거나 곤충을 채집하는 즐거움, 숲이나 해변에서 새를 바라보는 한때, 동물원이나 식물원에서 진귀한 생물을 보는 흥분, 그러한 산 것들과의 교류를 미생물과의 사이에서 찾아보는 것은 쉽지 않다.

미생물 세계에 대한 탐구는 사람들의 참여 없이는 그 정기(精氣)를 유지하기 어렵다. 사람들이 미생물을 자신과 같은 생명을 가진 존재로 인정하고, 그 다양한 모습에 감탄하는 자세가 없다면 미생물은 소독의 대상인 더러운 생물, 또는 산업활동에 있어서 유망한 기술의 대상으로만 여겨질 것이다. 이 멋진 미소(微小)한 생물들을 이해하고 아끼지 않는다는 것은 인생의 커다란 손실이 될지도 모른다.

과학 연구에 직접 종사하지 않는 사람들까지 미생물 탐구에 포함시킬 큰 계획을 마련할 필요성을 절감한다는 전문가의 소견도 있다. 미생물 박물관의 네트워크, 미생물의 작용으로 만들어진 음식물, 미생물을 주인공으로 하는 그림책, 미생물이 등장하는 SF소설 등으로 미생물에 관한 풍부한 지식과 이해의 보급을 추진하는 것도 이 계획의 일부가 될 수 있을 것이다.

이러한 노력을 기초로 삼아 더욱 다양한 분야의 사람들에 의한 미생물 탐구계획을 생각해볼 수 있지 않을까? 미생물을 보다 깊이 아는 것은 이들 생물과 보다 풍요롭게 공존할 수 있는 길로 이어지는 길이 아니겠는가.

미생물계의 선구자들

눈에 보이지 않는 생물

미생물을 발견하는 두 가지 방법

일반적으로 육안으로는 볼 수 없는 작은 생물을 미생물이라고 한다. 그러한 미생물이 한 줌의 흙 속에 헤아릴 수 없을 정도로 많이 살고 있다면 쉽게 믿을 수 있겠는가?

동·식물의 경우, 보다시피 여기에 동물이 있다든가, 식물이 꽃을 피우고 있다는 등 그것을 확인하는 것도, 다른 사람에게 전하는 것도 비교적 용이하다. 이에 비하여 미생물의 존재를 확인하거나 확인시키는 것은 쉽지 않다. "이 흙 속에 미생물이 살고 있다"고 무엇을 근거로 주장할 것인가? "눈에 보이지 않고, 손에 닿지 않으니" 설명이 어려울 수밖에 없다. "꾸준한 연구의 결과 이 흙 속에 미생물이 존재함을 확인했다"고 해야만 서로가 납득하게 될 것이다.

여기서 연구라 함은, 미생물을 찾아내기 위한 특별한 수순에 따른 작업을 말한다. 여기에는 현재 두 가지 방법이 있다.

하나는 현미경으로 확대해 관찰하는 것이다. 확대하여 보이는 작은 물체의 형태와 움직임이 사전에 예지하고 있는 미생물과 비슷하면 그것은 미생물이라고 결론을 내려도 상관없다. 그러나 관찰하는 물체가 이제까지 듣거나 본 적도 없는 것인 경우에는 그것이 미생물이라고 판단하기가 쉽지 않다.

또 다른 절차는 배양으로 미생물을 증식시켜 여러 가지 물질을 화학적으로 변화시켜 미생물의 존재를 아는 방법이다. 특히 발효와 부패가 주목되었다.

이 절차도 애당초 알려져 있는 변화에는 적용 가능하지만 미지의 변화에 대해서는 그 변화가 미생물의 존재를 나타내는 것인지 아닌지 곧바로 결론을 내릴 수 없다는 어려움이 있다. 더욱이 사람들이 감지하지 못하는 화학변화를 영위하는 미생물에 대해서는 완전히 무력하다.

역사적 사실을 생각한다

오늘날의 미생물학 기초는 누가 무엇이라고 주장하든 앞에서 기술한 미생물을 찾아내는 두 가지 방법에 있다고 할 수 있다. 이들 방법의 내용, 문제점 중에 재검토해야 할 기본 문제가 숨어 있을 것이 틀림없다. 그것을 어떻게 해명해 나가면 좋겠는가?

우선 이와 같은 방법을 확립한 선각자 두 사람의 발자취를 더듬어, 이러한 방법이 갖는 특징과 문제점을 고찰해 보기로 하자.

발견자 레벤후크

현미경의 등장

오늘날에도 그 확인에 엄격한 조건이 요구되는 '보이지 않는' 생물인 미생물을 최초로 발견한 레벤후크(Anton van Leeuwen-hoek ; 1632~1723)는 어떤 관심을 갖고 어떤 노력을 한 것일까?

대물렌즈와 접안렌즈를 조합한 복식 현미경은 16세기 말 유럽에

그림 A.1 레벤후크

서 만들어진 것으로 알려져 있다. 이 복식 현미경을 이용하여 미소 세계를 탐험한 옥스퍼드대학교 출신의 영국 청년 로버트 훅(Robert Hooke ; 1635~1703)은 2년여의 시간 동안 생물에서부터 무생물에 이르는 다양한 것의 국부를 현미경으로 확대 관찰하여 그것을 매우 정확하게 묘사해 그렸다. 그 그림들이 『마이크로그래피아(Micrographia)』라는 이름으로 1665년 런던에서 출간되었다. 책에는 쐐기풀의 가시, 벌, 버섯, 코르크의 세포구조, 바늘의 선단, 면도기의 칼날 등 실로 놀라운 관찰도가 가득 실려 있다.

당연히 당시의 많은 사람들은 이 책에 큰 감동을 받았다. 2년 뒤에 제2판이 출간되자 곧 수많은 복제본이 나타날 정도였다.

레벤후크, 탐험을 시작하다

네덜란드의 직물상인이었던 레벤후크가 현미경으로 마이크로 세계를 탐험하기 시작한 계기는 과연 무엇이었을까? 이 의문을 푸는 일은 결코 쉬운 일이 아니다.

1985년 하나의 흥미로운 추리가 『싱글 렌즈(Single Lens)』라는 책의 저자인 포드(Brian Ford ; 1939~)에 의해서 제출되었다. 포드에 의하면, 레벤후크를 현미경에 의한 마이크로 세계의 관찰로 이 끈 것은 훅의 저서인『마이크로그래피아』였다고 한다.

그에 의하면 레벤후크는『마이크로그래피아』의 제2판이 출간된 1667년, 혹은 그다음 해에 런던을 방문하였는데, 이때 훅의 책을 입수하여 책 속에 그려져 있는 직물의 미세 구조에 관한 날카로운 관찰에 매료된듯하다는 것이다.

포드의 추리는 계속되었다. 훅은 2개의 렌즈를 조합한 복식 현 미경을 사용하였지만 레벤후크는 왜 렌즈가 1개뿐인 단식 현미경 을 사용하였을까? 그는 훅의 서문에 주목했다.

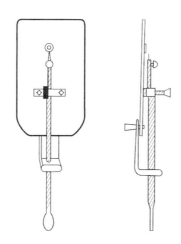

그림 A.2 안톤 판 레벤후크의 현미경

현재의 것과는 달리 이 현미경은 두 凸면의 렌즈 한 장으로 만들어져 있다. 또 렌즈를 움직이는 것이 아니라 나사로 시료를 조금씩 움직임으 로써 초점을 맞추도록 마련되어 있다. 대상물에 따라 배율이 다른 렌 즈를 사용하여 관찰한다.

"하나의 렌즈를 놋쇠, 납, 기타 얇은 금속판에 뚫은 구멍에 고정하여 대상물을 바라보면 어떠한 복식 현미경보다도 확대시켜 선명하게 관찰할 수 있다."고 훅은 기술하고 있다. 그래서 포드는 레벤후크가 이 서문에 따라 단식 현미경을 만들기 시작한 것이 아닌가 추리했다.

인류 최초의 미생물 관찰

레벤후크가 언제, 어떻게 마이크로 세계를 탐구하기 시작했을지 그 경위는 아직 알려져 있지 않다. 다만 훅의 책을 입수하고 나서 5년 후, 그는 자신의 마이크로 세계 관찰에 대한 최초의 편지를 런던 왕립학회에 보내 사람들의 관심을 샀다. 그는 그 이후에도 자신의 관찰을 왕립학회에 편지로 계속 보고했으며, 그 수는 200통도 넘었다고 한다.

다음 글은 왕립학회에 보낸 여섯 번째 편지(1674년 9월 7일자) 중 일부이다.

"내가 거주하는 도시에서 걸어서 3시간 정도 걸리는 곳에 '베르케르스 메레'라는 담수호가 있는데, 바닥이 깊고 진흙이 깔려 있습니다. 겨울 동안 호수는 투명하지만 초여름부터 중순에 걸쳐 흰색을 띠고, 녹색 구름 모양의 무언가가 떠다닙니다. (중략) 최근 강한 바람이 불고 있을 때 이 호수에 가서 유리병에 물을 조금 담아 왔습니다. 다음날, 이 물을 현미경으로 살펴 본 결과 거기에 여러 가지 입자가 떠 있는 것을 발견했습니다.

어떤 것은 녹색의 선상(線狀)이고, 긴 몸을 맷방석처럼 사린 뱀 같은 모양으로 규칙적으로 늘어서 있었습니다. (중략) 그 밖에도 매우 많은 작은 동물이 있었는데, 어떤 것은 볼형, 어떤 것은 조금 큰 알 모양이었습니다. 후자는 머리 가까이에 2개의 작은 가지가 있고 꼬리에도 두 개의 지느러미가 보였습니다. 이 밖에도 알 모양보다 약간 길고 매우 느리게 움직이는 것이 조금 있었습니다."

여기에 기록된 것은 오늘날 녹조와 원생동물로 알려져 있는 것이다. 그는 관찰한 것을 노트에도 편지보다 더 상세하게 기록해 둔 것으로 보인다. 또 같은 시료일지라도 며칠 동안 계속 관찰한 적도 있고, 채취 날짜와 장소에 따라 어떻게 다른지를 주의 깊게 관찰했다. 그는 들이나 산에서 새나 식물들을 관찰하는 사람들과 마찬가지로 마이크로 세계를 탐색하며 걸었다. 그것이 생물이라는 것을 확인하기 위해 그 증식에도 주목했다.

세균의 크기를 측정하다

놀랍게도 그는 이 미소한 생물의 크기를 측정했다. 그 측정법의 한 예를 왕립학회에 보낸 33번째의 편지(1680년 11월 12일자)에서 인용해 보자.

"다음 그림(그림 A.3 참조)의 가장 큰 원 ABGC를 모래 입자라고 가정합시다. 그 안에 크기가 D인 작은 동물이 있고, D의 지름은 눈대중으로 모래 입자의 12분의 1이었습니다. 또 제2의 소동물 E가 있고, 그 크기는 D의 4분의 1 정도였습니다. 그리고 제3의 미소한 생물 F는 눈대중으로 지름이 E의 10분의 1이었습니다."

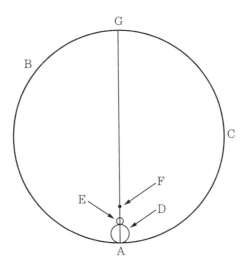

그림 A.3 세균 크기의 측정법 도해

레벤후크의 편지에 그려진 그림을 모사한 것

이렇게 해서 측정된 미소한 생물 F야말로 오늘날 우리가 세균이라 부르고 있는 미생물이다. 그 크기를 따져 보자.

그의 측정에 따르면, F는 모래 입자 크기의 $\frac{1}{12} \times \frac{1}{4} \times \frac{1}{10} = \frac{1}{480}$, 즉 약 $\frac{1}{500}$ 크기이다. 모래 입자의 지름을 1mm라고 하면, F는 $\frac{1}{1000}$ mm로, 오늘날의 세균 크기 측정값과 거의 일치한다.

레벤후크의 현미경은 고성능

레벤후크는 자신이 만든 렌즈 1개만으로 된 단식 현미경을 사용했다. 그런 유치한 것으로, 하물며 세균과 같이 작은 생물의 관측이 가능하였겠는가? 이와 같은 의문은 많은 사람들에 의해서 제기되었다. 도저히 믿어지지 않는다는 사람이 많았다. 그러나 오랜 세월 동안 어느 누구도 확인하려고 하지는 않았다.

이 의문을 해명한 사람은 앞에서 소개한 포드였다. 레벤후크는 수많은 단식 현미경을 만들었지만 그 대부분은 오랜 세월이 지나 유실된 듯하다.

포드는 어렵게 입수한 9개의 단식 현미경의 배율을 조사해 보았다. 모두가 69배 이상이었고, 그중 5개는 100배 이상이었다. 이 밖에 위트레흐트대학이 소장하고 있던 것은 배율이 266배나 되는 것으로 판명되었다.

오늘날의 최신 광학 현미경을 사용하여도 그가 직접 만든 단식 현미경의 수 배의 배율밖에 얻지 못한다. 더욱이 렌즈를 통해서 본 생물들의 모습은 무척이나 선명하였다고 한다.

네덜란드 상인의 지성

레벤후크가 태어나서 자란 당시의 네덜란드는 스페인의 압정에서 독립하여 해외로 진출하기 시작한 시기였다. 따라서 경제는 활기가 넘쳤고, 과학과 문화 활동도 왕성하여 '네덜란드의 황금시대'라고 불렸다. 또 세계 각지에 대한 탐험과 생물 조사 활동도 활발하여 당시의 네덜란드는 박물학 연구에서도 유럽의 중심적 위치를 차지하고 있었다.

레벤후크 자신은 학자로서 교육을 받지 못했으며, 학자의 공통 언어였던 라틴어도 몰랐다. 그러나 그의 주위에는 플랑드르파(Flandre派) 화가인 얀 베르메르라든가 야곱 모리슨이 있었고, 수

많은 생물의 현미경 관찰도를 남긴 스완 멜담과 해부학자인 드 그라프와는 어릴 때부터 친구여서 여러 가지 영향을 받은 것으로 생각된다. 또 당시 지도적 물리학자로 활약하고 있던 하위헌스(Christiaan Huygens：1629~1695)와도 편지를 주고받았다고 한다.

이와 같은 배경 때문이었는지, 그는 뛰어난 관찰을 하였을 뿐만 아니라 현미경을 통해서 보는 생물세계에 대한 생각도 실로 지적이고 선구적이었다.

당시는 물론, 이후 150년 동안 미생물은 어버이 없이 무생물에서 자연발생하고 있다는 생각이 사람들 머리에 심어져 있었다. 그러나 레벤후크는 주저함 없이 미생물도 다른 생물과 마찬가지로 번식에 어버이가 필요하다고 믿고, 그것을 뒷받침하기 위한 관찰에 노력을 아끼지 않았다.

그는 숙고했다. '인간의 눈으로 보면 하찮은 작은 생물이라도, 큰 동물로서는 상상도 할 수 없는 완전함과 교묘함이 갖추어져 있다.' 그의 이 투철한 미생물관은 그 후의 자연발생론자와는 비교할 수 없을 만큼 뛰어난 것으로, 오늘날에 이르러서도 신선한 의미를 가지고 있다.

레벤후크의 반세기에 걸친 활동은 미생물뿐만 아니라 현미경을 통해서 보는 동·식물의 온갖 문제에 이르고 있다. 그 성과는 런던의 왕립학회를 비롯하여 친구며 지인들에게 보낸 다수의 편지에 극명하게 그려져 있는 모양이지만, 애석하게도 오늘날까지 극히 일부밖에 검토되지 못했다고 한다. 어딘가에 묻힌 보물을 하나하나 발굴하여 현대인의 재산으로 간직하기 위해서는 『싱글 렌즈』의 저자처럼 범상치 않은 노고가 필요할 것으로 생각된다. 그러한 노고를 아끼지 않는 사람들의 출현을 바라지 않을 수 없다.

근대 미생물학과 파스퇴르

잊혀진 위업

유럽의 지식인들을 그토록 떠들썩하게 했던 레벤후크의 미생물 세계 발견도 그의 죽음과 더불어 급속하게 잊혀져 갔다. 그는 후세의 사람들을 위한 저서도 남기지 않았다. 사실 중시의 17세기에서 논리적 전개를 중시하는 풍조의 18세기로 옮겨가는 가운데, 레벤후크의 위업은 베이커의 '현미경 사용서' 등에 의해서 실낱처럼 기억되어 왔을 뿐이다.

이와 같은 18세기의 풍조 속에서 사실의 중요성을 강조하는 유별난 논진을 전개한 프랑스인이 있었다. 바로 『백과전서(Encyclo-pédie)』의 편집자로 저명한 디드로(Denis Diderot : 1713~1784)이다. 그는 또 대중의 생활, 특히 생산 활동에 큰 관심을 가졌던 점에서도 특기할 만한 존재였다. 그는 미생물 세계에 대하여 다음과 같이 소견을 피력하고 있다.

"일체를 무차별로 관찰한다는 것은 인류로서는 가능한 일이 아니다. (중략) 후세의 사람은 만약 우리가 그들에게 완전한 곤충학, 현미경적 동물의 방대한 박물학밖에 남기지 않는다면 우리를 어떻게 생각하겠는가."

–『디드로저작집』(1) 중에서

이 문장에는, 보통 인간은 온갖 것을 다 연구할 수 없으므로 그 시대에 적합한 중점을 선택할 필요가 있다는 뜻이 포함되어 있다.

사물을 여러 가지 각도에서 고찰한 디드로의 뇌리에 어떠한 문제 의식이 교차했었는지 읽어내기는 어렵다. 다만 다음 사실은 확실하지 않겠는가? 17세기에서 18세기 초반에 걸쳐 지식인들의 큰 관심의 표적이 되었던 미생물도 디드로가 활약한 18세기 중반에 이르자 극히 특수한 문제로 한 발 밀려났음이 틀림없다는 사실이다.

부패와 발효의 화학

이 사이, 산업 활동이 발전하여 물질의 변화를 연구하는 화학이 성장하고, 18세기 말에는 그 기초가 확립되려 하고 있었다. 화학자들의 관심은 가스상 물질의 변화와 이들 물질을 구성하고 있는 원소의 해명이었다. 대상이 된 가스로는 동·식물의 호흡과 광합성에 관계되는 것, 발효와 부패를 발생시키는 것도 포함되어 있었다.

이 시기의 연구 성과를 종합하여 새로운 화학이론을 제시한 사람은 프랑스의 화학자 라부아지에(Antoine Laurent Lavoisier; 1743~1794)였다. 그가 남겨놓은 젊은 날의 노트에는 장래 연구에 관한 꿈이 기록되어 있다.

노트에 의하면, 그는 개개의 현상뿐만 아니라 동물계, 식물계, 광물계 간에 일어나고 있는 물질 순환의 해명을 목표로 했다. 오늘날 말하는 생태계에서의 원소 순환이다.

라부아지에에게 있어서 발효와 부패는 식물계, 동물계의 물질이

그림 A.4　파스퇴르

광물계로 옮겨갈 때의 중요한 경로였다. 그는 몇 번이나 이 경로, 즉 발효와 부패로 일어나는 화학 변화의 연구에 매달렸다.

　라부아지에의 이 입장은 머지않아 20세기의 지구화학과 생태학에 승계되었다. 발효와 부패에 대한 정량적(定量的) 연구는 게뤼사크(Louis Joseph GayLussac ; 1778~1850)와 파스퇴르에 의해서 재검토되었다.

　한편, 미생물 그 자체에 대한 관심은 발효산업의 발전 과정에서, 발효와 부패를 야기하는 원인으로 새삼 사람들의 관심을 사게 되고, 질병의 원인이 되는 미생물에 대한 관심과 합류했다. 그리하여 19세기 중반에는 미생물의 실험적 연구법이 확립되었다.

미생물 실험법

　화학 변화의 주역 격인 미생물에 대한 관심은 19세기에 들어서면서 더욱 높아졌지만 미생물 그 자체에 대한 이해가 혼란스러워 연구는 혼미한 상태가 계속되었다. 가장 심각한 논점은 발효와 부패의 매개체인 미생물은 어버이에서 태어난 것인가, 아니면 자연발생적으로 생겨난 것인가 하는 점이었다. 이 문제가 발효연구의 중심 과제라고 생각한 파스퇴르는 그 해명에 모든 노력을 집중했다.

그는 라부아지에가 이룬 새로운 화학이론을 바탕으로, 26세의 젊은 나이에 주석산염(tartrate)의 광학 이성질체 결정학상의 의문을 풀어 학계에 큰 충격을 준 바 있다. 그런 그가 1850년대에 일전하여 수렁과 같은 논쟁으로 지새던 자연발생설의 검토에 나섰다. 그의 자연발생설에 대한 비판의 요점은 다음 두 가지였다.

⑴ 고기 육수 등의 스프가 부패하는 것은 그 용액 속에 부패 미생물이 공기 중에서 날아들어 증식했기 때문이다.

⑵ 만약 스프에 들어온 부패 미생물을 가열하여 살균한 다음 외부에서 새로운 부패균이 들어오지 못하게 한다면 이 스프는 부패하지 않을 것이다.

스완넥 플라스크(swan-neck flask ; 백조목형 플라스크)는 이 두 가지 가설을 실험으로 증명하기 위해 파스퇴르가 만든 것이다. 플라스크 안에 스프를 넣고 입구 부분을 불로 가열하여 잡아 늘여 백조의 목처럼 길게 만든다. 그런 다음에 스완넥 플라스크 안의 스프를 끓여 살균한 것을 냉각시킨다.

이렇게 하여 스완넥 플라스크에 가두어진 스프는 오래도록 방치해 두어도 부패하지 않았다. 즉 미생물은 자연발생하지 않는다는 것을 파스퇴르는 실험으로 보여준 것이다.

다행스럽게도 파스퇴르의 실험은 성공하였지만, 사실 이 정도로 끓여도 사멸하지 않는 미생물도 있다. 특히 바실루스의 포자는 120℃에서 10분 이상 끓이지 않고는 사멸하지 않는다. 이를 위해서

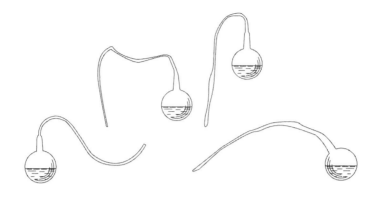

그림 A.5 파스퇴르가 사용한 여러 가지 플라스크
스완넥 혹은 백조목형 플라스크라고도 한다.

일반적으로 오토클레이브(autoclave)라는 고압반응 솥을 사용할 필요가 있다.

파스퇴르가 증명한 두 가지 가설을 기초로 오늘날의 미생물 실험법이 구성되어 있다는 사실에 주목할 필요가 있다. 증식에 필요한 영양분을 포함한 배지를 밀폐 용기에 넣어 살균한다. 여기에 미생물을 이식하여 배양한다. 이것이 미생물 실험법의 기본이다.

실험하는 사람은 이 조작과정에서 외부로부터 다른 미생물이 혼입되지 않도록 세심하게 주의할 필요가 있다. 이를 무균 조작이라 한다.

이 실험법에는 다음과 같은 암묵적인 전제가 포함되어 있는 점에 주목할 필요가 있다. 즉 어떤 미생물 세포를 그 미생물에 적합한 배지 안에서 배양하면 반드시 증식이 일어난다. 만약 일어나지 않는다면 그 미생물은 이미 죽었다고 볼 수 있다.

미생물의 증식이론

파스퇴르는 발효와 부패를 단순한 화학적 변화로 보지 않고, 그것을 야기하는 미생물의 증식을 위한 영위로 간주했다.

당시 산업상 중요했던 발효현상을 계속 연구했던 그는 이 현상이 미생물 증식에 필요한 에너지를 공급하는 역할을 하고 있다는 사실을 깨달았다. 드디어 그는 "발효란 공기를 사용하지 않는 호흡"이라는 매우 중요한 결론에 도달했다.

생물에 대한 호흡 연구는 18세기에 활발해져, 라부아지에에 의한 기초 이론이 확립되어 있었다. 그의 이론에 의하면, 호흡은 유기물의 산화반응이며 생체 내에서의 '연소'라고 생각되어, 공기(또는 산소 가스)는 불가결한 것이었다. 하지만 파스퇴르는 공기를 필요로 하지 않는 생물이 존재하는 것을 발견했다. 이것은 동·식물의 생활에서는 상상도 할 수 없는 놀라운 발견이었다.

파스퇴르는 한 걸음 더 나아가, 증식을 두 가지 화학과정으로 분류하여 고찰했다. 하나는 영양물에서 미생물체를 합성하는 과정이고, 또 하나는 미생물체를 합성하는 데 필요한 에너지를 만들어내는 과정이었다.

이 사고(思考)의 덕택으로 다양한 미생물들이 각각 상이한 물질을 영양으로 하여 증식한다는 일견 복잡한 현상을 하나의 관점에서 정리하여 비교, 검토해 나갈 수 있게 되었다.

파스퇴르적 방법의 전개

코흐의 평판법

파스퇴르에 의해서 확립된 실험법과 증식이론 덕택에 그 후 새로운 미생물이 속속 발견되어 연구되었다.

파스퇴르 방법의 가장 중요한 응용은 1880년 코흐가 고안한 평판법이었다. 파스퇴르와 같은 시대의 코흐는 미생물의 배지를 유리판 위에서 젤라틴(gelatin)을 사용하여 고형화하는 방법을 고안했다. 이 고형 배지 표면에 미생물 개체를 뿔뿔이 흩어지게 뿌려 배양하면 각 개체는 증식을 시작하며, 자손이 점점 늘어나 육안으로도 볼 수 있는 미생물 자손의 집합체(colony)가 생성된다.

이 방법은 처음에 유리판을 사용했다 해서 '평판법'이라 명명되었다. 그러나 그 후에 페트리(Carl Petri ; 1926~2010)가 고안한 뚜껑이 있는 접시를 사용하게 되었다. 이 접시를 페트리 접시(Petri dish)라고 한다. 또 젤라틴도 한천(agar)으로 대체되었다.

평판법의 가장 중요한 공헌은 각 개체의 자손집단을 각각의 콜로니에서 채취할 수 있다는 점이다. 이것을 미생물의 분리(isolation) 혹은 단리라고 한다.

콜로니에서 채취한 미생물을 배지 안에서 배양하면 동일 종류의 미생물만이 증식하게 된다. 이렇게 하여 얻어진 미생물 개체의 집단 배양을 순수 배양이라고 한다.

순수 배양한 미생물을 실험재료로 사용함으로써 미생물의 생화학적, 유전적 연구는 급속한 발전을 이룰 수 있게 되었다.

선택 배지

파스퇴르는 미생물은 다양하며, 여러 가지 물질을 영양으로 하여 증식시킬 수 있다고 생각했다. 그는 이 생각을 바탕으로, 암모니아를 질산(nitric acid)에 산화하는 질화균이라 불리는 미생물의 존재를 예견했다. 월링턴(Wallington)은 흙 속의 질화균을 연구하여, 질화균에는 두 종류, 즉 암모니아를 아질산에 산화하는 세균과 아질산을 질산에 산화하는 세균이 있다는 것을 규명하였지만, 이들 세균의 순수 배양은 성취하지 못했다.

두 종류의 질화균의 순수 배양은 1891년 청년 미생물학자인 비노그라드스키에 의해서 실현되었다. 성공의 비결은 한천 대신에 실리카겔(silica gel)을 사용하고 유기염만으로 만든 배지를 사용한 점이었다. 이 성공은 미생물 증식에는 유기물이 영양으로 필요하다는 이제까지의 생각을 크게 바꾸었다.

비노그라드스키는 이후 황을 산화하는 세균(황산화균), 철을 산화하는 세균(철산화균)의 분리 및 순수 배양에도 성공했다. 모두 무기염만으로 만든 배지에서 증식하는 세균이었다. 그래서 그는 무기염만을 영양으로 하여 증식하는 미생물을 '독립 영양균', 유기물을 영양으로 요구하는 미생물을 '종속 영양균'이라 하였다.

각종 독립 영양균, 종속 영양균의 순수 배양이 발전됨에 따라 어떤 미생물 그룹이 많이 이용하는 영양물일지라도 다른 그룹에서는 이용할 수 없는 것이 종종 발견되었다. 이 지식을 이용하여 어떤 미생물 그룹에만 적합한 배지가 만들어지게 되었다. 이것을 '선택 배지'라 한다.

또 많은 배지는 어떤 종의 미생물 그룹에 특히 가장 적합하게 되는 경향도 볼 수 있었다. 이것은 배지의 선택성 문제이다.

집적 배양

흙에서 새로운 미생물을 찾아내어 그 순수 배양에 관하여 연구하는 방법이 미생물 연구의 기본이 된 것은 19세기 말부터였다. 이러한 순수 배양을 획득하는 일로 선택 배지가 고안되어 큰 힘을 발휘했다. 그러나 흙 속에 극히 소수밖에 존재하지 않는 미생물을 찾아내어 순수 배양하는 것은 선택 배지만으로는 좀처럼 성공하지 못했다.

흙 속에 있다고 생각되는 공중 질소를 암모니아로 변화시키는 질소 고정균의 경우가 그러했다. 질소 고정균을 최초로 찾아내어 순수 배양에 성공한 것도 비노그라드스키였다.

그는 흙 속에 사는 이 균의 수는 별로 많지 않을 것이라고 생각하여 우선 흙에 포도당수를 부어 반죽해 흙 경단을 만들어 배양하고, 이 균을 흙 속에서 증식시키려고 했다.

며칠 배양한 후에 이 흙의 일부를 떠서 물속에 분산시켰다. 그 분산액의 일부를 질소화합물을 함유하지 않은 배지로 옮겨 배양하자 혐기적인 질소 고정균의 증식이 인지되었다. 다른 미생물은 질소화합물이 결핍되어 있었기 때문에 별로 증식하지 못한 것으로 여겨진다.

이리하여 비노그라드스키는 혐기적인 질소 고정균의 순수 배양에 성공하여 클로스트리듐 파스튜리아늄(*Clostridium pasteurianum*)이라 명명했다. 그는 이 성과를 일반화하여 흙 속에서 특정한 미생물 그룹만을 증식시켜 그 자손을 집적(集積)하는 노력이 미생물 탐색의 중요한 방법이란 것을 강조했다. 오늘날 이 방법은 '집적 배양법'으로 불리고 있다.

제원소의 화학적 변화

파스퇴르는 미생물이 여러 가지 물질을 화학적으로 변화시킬 수 있는 능력을 가지고 있음이 틀림없다고 믿고 있었다. 그 강한 영향을 받아 많은 미생물학자가 여러 가지 화학변화를 영위하는 미생물 탐색에 눈을 돌렸다. 그 결과, 대지를 중심으로 한 제원소(諸元素, 여러가지 원소)의 순환적 변화의 모습이 부상하게 되었다.

탄소 원소의 화학적 변화는 생물사회 동태의 중심 기둥으로서 중시되고 있다. 이 원소의 주요 형태는 이산화탄소, 생체 고분자(다당류, 단백질 등) 및 메탄이다. 탄소의 화학적 변화에서 동·식물이 참가할 수 있는 것은 극히 한정된 경로이고, 더욱이 산소 가스와 광에너지가 공급되어야 한다는 조건에 국한되고 있다. 그에 대해 미생물은 온갖 변화에 온갖 조건으로 관여하고 있음이 주목된다.

질소 원소의 주요한 형태는 암모니아, 생체 고분자, 질소 가스 및 질산이지만 질소 가스에서 암모니아로, 암모니아에서 질산으로의 화학변화는 미생물에 의해서 실행되고 있다.

황, 인, 철을 비롯하여 많은 원소도 주로 미생물에 의해서 순환적 변화를 하고 있음을 알게 되었다.

미생물은 다양한 화학변화를 영위할 것이라는 파스퇴르의 직관은 이렇게 연이어 입증되었다.

탐구의 청사진

코흐는 평판법을 고안했을 때 물과 흙, 그리고 공기 중의 미생물의 양적 분포를 이 방법으로 정확하게 조사하여 환경위생을 크게 개선해 나가기를 기대했다.

처음으로 흙의 미생물을 정량적으로 조사한 사람은 프렌켈(Yakov Il'ich Frenkel : 1894~1952)이었다. 그는 베를린 부근의 각종 흙의 세균수를 평판법으로 측정하여, 그 수가 흙의 종류와 계절에 따라 변화하는 것을 인지했다.

또 흙의 깊이에 따른 세균수의 변화도 조사했다. 이 노력에 자극을 받아 다른 연구자도 평판법에 의해서 흙의 세균 조사를 반복하게 되었다.

이와 같은 정황을 반영하여, 파스퇴르의 수제자인 듀크로(Ducro)는 그의 저서에서 대지의 미생물에 대해서도 그 탐구의 청사진이라고도 할 수 있는 서술을 하였다. 거기에는 3개의 기둥이 세워져 있다. 첫 번째 기둥은 토양의 물리적 구조와 구조 내의 물질 이동 문제이다. 두 번째 기둥은 토양 내부에서의 유기물과 무기물의 분포 정황 문제, 세 번째 기둥은 토양 내부에서의 미생물 분포와 그 이동 문제이다. 이 청사진은 "대지라는 그릇 속에서 유기물과 무기물을 영양으로 하여 증식과 사멸을 반복하고 있는 미생물을 연구한다"고 하는 파스퇴르적 발상에 매우 숙달되어 있다. 과연 파스퇴르의 수제자라고 불릴 만하다.

듀크로의 또 다른 저서인 『생체의 화학』은 금세기 생화학의 경이적인 발전의 원점을 헤아려 볼 수 있는 귀중한 고전이다. 그러나 대지의 미생물 연구에 관한 그의 청사진은 생화학의 경우와는 달리 고뇌에 찬 과정을 헤쳐 왔다.

끝나지 않은 긴 겨울

듀크로의 청사진 배경에는 평판법에 의해서 미생물의 수를 측정할 수 있다는 기대가 있었다. 그러나 실제로 평판법에 의해서 측정된 미생물의 수는 동일 시료에 대하여 반복 측정하여도 회마다 크게 다른 것이 보통이었다. 배지의 종류, 배양 온도, 배양 시간에 따라서도 측정값은 현저하게 변화하는 것이 일반적이었다.

이와 같은 사정은 20세기에 들어와서 더욱더 정량적이 되고, 정밀화되는 자연과학의 조류 속에서, 점차 이질적인 것으로 간주되었다. 이러한 경향은 누구보다도 대지의 미생물을 탐구하려 마음먹은 젊은 미생물학자들에게 있어 심각한 문제였다.

1927년, 다음 시대의 주역이 될 롯히드는 어떤 국제회의에서 심각한 어조로 다음과 같이 주장했다.

"대지의 미생물을 연구하는 사람으로서 과연 이 분야에서 연구를 계속할 가치가 있느냐, 접을 것이냐 하는 의문을 단 한 번이라도 가져 보지 않은 사람은 없을 것입니다.

이 새로운 분야에 정열을 불태우며 찾아온 많은 사람들은 머지않아 '미생물의 지식에 의해서 농업 혁명을 일으키는 것이 자신들이 살아있는 기간에는 도저히 무리' 라고 낙담하여 떠나 버렸습니다.

대지의 미생물 연구는 아직 유아기에 있다고 곧잘 자조적인 자기비판들을 하며, 또 일반에게도 그렇게 인식되고 있습니다. 그러나 우리 대부분은 때때로 이 학문은 동화에 등장하는 피터 팬처럼 영원히 성장하지 못하는 것은 아닌가 번민하고 있습니다."

이때 롯히드가 중시한 것은 평판법에 사용하는 배지와 배양 조건의 규격화, 즉 미생물 수의 측정을 어떻게 동일한 조건 아래서 실시하느냐 하는 문제였다. 그러나 그 후, 다시 심각한 문제가 제기되었다. 흙의 세균수를 현미경으로 세어 본 결과, 평판법으로 구한 값보다 10~100배의 수가 된다는 사실을 알게 된 것이다.

증식현상을 통하여 흙의 미생물 세계를 탐구하려는 청사진은 큰 어려움에 직면하여 연구의 발전을 크게 지체시키는 결과를 초래했다. 그것은 예상보다 길어 오늘날까지 반세기 이상 이어진 긴 동절기를 겪고 있는 형편이다.

황사에 포함된 미생물

지구를 둘러싼 대기층

　지구는 수성과 금성에 이어 태양에서 세 번째 거리에 위치하는 행성이다. 태양에서 지구까지의 거리와 지구의 크기, 이 절묘한 관계가 있음으로 해서 지구 표면에는 풍부한 물이 존재한다. 우주에서 보면 '푸른 별'인 지구는 '물의 행성'이란 별명으로 불리기도 한다.

　지구 표면은 물이 70%, 나머지 30%가 암석질로 된 대지이다. 지구를 뜻하는 라틴어'Terra'는 '대지(大地)'라는 의미도 갖고 있다.

　지구의 특징은 메마른 대지와 풍요로운 물, 그리고 대기이다. 지구가 고온의 원시 행성이었을 무렵, 지구 표면은 진흙탕처럼 물컹거리고 내부에서는 가스가 세차게 방출되었다. 이윽고 수증기, 질소, 이산화탄소 등을 주성분으로 하는 원시 대기가 형성되었고, 태고의 바다는 이 수증기가 비가 되어 내림으로써 비롯되었다. 대기는 지표에 가까울수록 짙고, 위로 상승함에 따라 옅어진다.

　오늘날처럼 산소가 풍부한 대기가 된 것은 바다에 태어난 생명의 활동 덕분이었다.

　'대기의 두께'는 1000km라고 하기도 하고, 100km라고 하기도 한다. 지구 가까운 궤도를 돌고 있는 인공위성 중에는 100km 상공을 날고 있는 것도 있으므로 대기(와의 마찰열)에 의해 타버리지 않는다는 의미에서 대기는 100km 정도까지라 할 수 있다. 하지만 1000km 상공에도 공기의 분자가 존재하지 않는 것은 아니므로 그런 의미에서는 1000km라고 할 수도 있다.

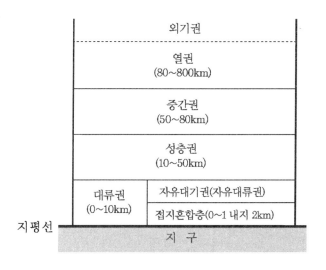

	외기권	
	열권 (80~800km)	
	중간권 (50~80km)	
	성층권 (10~50km)	
대류권 (0~10km)	자유대기권(자유대류권)	
	접지혼합층(0~1 내지 2km)	

지평선

지 구

그림 B.1 대기의 연직 구조

외기권은 외권 대기라고도 하며 우주 공간으로 이어진다.

대기층은 대지와 가까운 순으로 대류권(0~10km), 성층권 (10~50km), 중간권(50~80km), 열권(80~800km)으로 나누고, 그 이상은 외기권이라고 한다(그림 B.1 참조). 각 명칭은 층의 특성을 나타내고 있다. 예컨대 대류권은 대류가 활발하게 일어나는 곳, 성 층권은 공기가 상하 방향으로 별로 움직이지 않고 층상으로 되어 있다는 의미이다.

각 층의 높이를 표시하는 킬로미터의 값은 위도에 따라 다른 것 외에도 지형과 계절, 시간대에 따라서도 다르다. 예를 들어 대류권 과 성층권의 경계점은 지면이 냉각되어 있는 극지에서는 8km, 대류가 활발한 적도 부근에서는 17km 정도이다.

지구의 대기 중 80%가 지표와 접하는 대류권에 존재한다. 대류권의 한 가지 특징은 고도가 높아질수록 기온이 낮아진다는 것으로, 100미터당 0.65℃ 정도 떨어진다. 이 계산에 따르면 지표의 온도가 5℃라고 할 때 1km 상공은 −1.5℃, 10km 상공은 −60℃이다.

대류권 하부는 공기와 지면 사이에 마찰이 작용하고, 지면의 열과 세세한 요철의 영향으로 다양한 스케일의 대류가 발생하고 있다.

그 위는 '자유대기권(자유대류권)'이라 하며, 우리나라 상공에서는 강한 편서풍이 분다. 특히 강한 곳의 바람은 편서풍 제트 혹은 제트 기류라고 한다.

에어로졸*이라는 용어의 탄생

"황사 입자는 얼음 결정이 성장할 때의 종(발판)이 되는 것이 아닐까?" 즉 비가 내리는 원천이 된다고 생각하여 여러 가지 실험이 실시되었다.

대기 중에서 어떻게 구름이 형성되는가. 기체인 수증기에서 고체

---

*에어로졸(aerosol) : 기체 속에 부유하는 고체 또는 액체상의 미소한 입자를 말한다. 고체나 액체라고는 말하기 어려운 복잡한 구조를 갖는 것, 예를 들어 미생물 등도 포함한다. 그 형체와 성질, 생성되는 원인도 다양하여 수증기, 화산재, 먼지, 매연, 동물의 털, 화분(花粉), 증기, 연기, 안개, 스모그, 황사, 아스베스트(석면) 입자, 방사선 입자로 불리는 경우도 있다. 공기는 순수한 기체만으로 존재하는 것은 드물고, 많거나 적거나 이러한 에어로졸을 포함하고 있는 것이 일반적이라고 보는 것이 자연스럽다.

인 얼음으로 승화할 때, 혹은 액체인 물에서 고체인 얼음으로 응고할 때에 핵(승화핵, 응고핵)으로 작용하는 미립자가 필요하다. 이 미립자를 기상학에서는 '빙정핵(수증기에서 얼음)' 혹은 '응결핵(수증기에서 물)'이라고 한다.

빙정핵과 응결핵의 후보로서, 바다에서 비말로 날아오르는 해염 입자, 육지로부터의 토양 입자와 모래 입자, 화산재, 분진과 매연 등이 예상되었다. 이 중에서도 황사는 빙정핵으로서의 능력이 높았다.

이처럼 공기 중에는 온갖 고체와 액체의 미립자가 부유하고 있으며, 이것들을 '대기 에어로졸' 혹은 '에어로졸'이라고 한다.

황사의 발생원

최근 몇 해 사이 황사가 우리나라 상공을 뒤덮는 날이 잦아지고 있다. 이 황사는 편서풍을 타고 동해를 건너 일본으로, 또 태평양을 넘어 미국 대륙에까지 도달하며, 심지어 그린란드의 얼음 속에서도 검출된다.

황사의 모래먼지가 날아오는 발원 장소로는 타클라마칸 사막과 고비 사막, 그리고 내몽골의 황토고원 등 세 곳을 들 수 있다.

황사 발원지로서 모두 함께 논의되는 경우가 많지만, 모래먼지가 날아오르는 프로세스에 큰 영향을 미치는 지형의 차이에까지 눈을 돌린다면 각각의 차이를 알 수 있다.

타클라마칸 사막의 북쪽에서 서쪽에 걸쳐 톈산산맥(天山山脈)이 달리고 있고, 서쪽에서는 그에 겹치듯이 쿤룬산맥(崑崙山脈)이 솟아 사막의 남쪽을 달리고 있다. 그리고 남쪽에서는 다시 치롄산맥(祁連山脉)이 겹치듯이 달리고 있다. 사막을 둘러싼 이 산들은 평균 4000미터에 이르는 장대한 산맥으로, 마치 벽처럼 북쪽, 서쪽, 남쪽에 높이 솟고, 둔황(敦煌) 시가 위치하는 동쪽만이 열린 상태로 되어 있다.

열려 있는 동쪽에서 사막의 중앙부로 바람이 불어드는 경우가 많고, 사막의 지표 가까이에 떠돌고 있는 모래먼지는 이 바람으로 인하여 동쪽의 개구부에서 흘러 나가지 못하고, 오직 상공으로밖에 달아날 길이 없다.

이 바람과 산맥들에 의해서 사막을 둘러싼 산들의 비탈면에서는 1년 내내 늘 강한 국지순환(산골바람)이 발생하고, 모래먼지는 산 정상까지 휘말려 올라가고 있다.

산 정상을 넘으면 편서풍이 불고 있다. 이처럼 강한 저기압 활동이 없을지라도, 이 사막에서는 계절에 상관없이 모래먼지가 치솟아 오르고 있으며, 마치 모래먼지의 풀(pool) 같은 상태이다. 이 편서풍은 여름철에도 겨울철보다는 속도가 약간 떨어지기는 하지만 엄연히 존재한다. 약 4~5km 높이까지 올라간 모래먼지는 편서풍에 실려 계절에 상관없이 내리바람에 떠내려 온다.

이처럼 타클라마칸 사막의 모래먼지가 휘말려 올라가는 모습은 현지에 여러 번 조사대가 들어가 반복 조사했다. 그 결과 이제까지 '백그라운드 황사'로 불리던 현상을 이해하는 데 결정적인 결과를 가져 왔다. 백그라운드 황사란, 지상에서는 관측되지 않지만 자유대기권이라고 하는 높이에서는 옅은 황사가 관측되는 것을 말한다.

황사를 봄철에만 불어오는 것으로 여긴 적도 있었지만 자유대기권에서는 연중 황사가 날고 있다. 여름철, 북태평양 고기압의 확장이 강한 시기에도 지상에서는 영향이 감소하지만 자유대기권에서는 타클라마칸 사막 고원의 모래먼지가 흐르고 있다.

타림 분지에서 저기압 활동의 영향을 받아 모래먼지의 강한 바람이 발생하면 고비 사막에 비할 수 없이 긴 기간 동안 황사 에어로졸의 유출이 이어지는(풀에 다량으로 축적된 모래먼지가 끝없이 유출되고 있음) 등, 위성 영상만 보아도 현저한 차이가 있다.

일본 나고야 상공에서 관측한 결과에 의하면 황사의 층에 2km와 6km의 두 피크가 있는 것을 알았다. 나중에 조사한 바에 의하면 2km 상공은 내몽골의 황토고원의 모래먼지에서, 6km 상공은 타클라마칸 사막의 모래폭풍에서 날아온 것이었다고 한다. 그러니 한마디로 황사라고 하지만 이처럼 유래가 다른 황사구름이 우리나라 상공에 동시에 날아오는 경우도 상상할 수 있다. 특히 6km 층의 황사는 후에 태평양에서 포착된 황사와 같은 것임을 알게 되었다.

1990년경 "그린란드의 얼음 속에서 타클라마칸 사막 유래의 먼지 발견"이라는 뉴스가 미국 콜롬비아대학교 연구팀에 의해서 제기되었다. 과거의 기후 변동을 조사하기 위해 얼음 기둥(아이스 코어)을 채취하여 층상으로 내려 쌓인 먼지의 루트를 탐색한 결과였다. 동위원소 분석, 스트론튬(strontium : Sr)과 네오디뮴

(neodymium : Nd) 등의 동위원소 비를 비교하여 세계 사막의 모래먼지와 비교하는 방법을 사용했다.

세계 지도를 보면 알 수 있듯이, 북극해와 북대서양에 면한 섬 그린란드에 가까운 사막으로 북미의 모하비 사막과 아프리카의 사하라 사막을 들 수 있다. 그러나 상세한 조사 결과는 뜻밖에도 1만 km 이상이나 떨어져 있는 타클라마칸 사막의 것임이 밝혀졌다.

일단 자유대기권까지 치솟아 올라간 모래 입자의 움직임은 스케일이 크다. 편서풍과 고·저기압의 콤비네이션 플레이로 놀랄 만큼 멀리까지 날아간 것이다.

황사에 포함된 대기오염 물질과 미생물

황사를 연구하는 사람들에 의해서 대기오염 물질이 황사 입자의 표면에 달라붙어 다양한 화학반응을 일으키고 있다는 것이 확인되었다. 이 '반응하는 황사' 이미지는 많은 연구자, 특히 화학을 전공한 연구자들을 황사 연구로 전향시키는 큰 계기가 되었다. 그리고 그 결과는 황사의 화학적 성질과 특징을 한 차원 더 깊이 발전시키는 공헌을 했다.

황사에 오염 물질이 달라붙는 것은 황사 입자 표면이 그와 같은 반응을 일으키기에 합당한 성질을 가지고 있기 때문이라고 한다. 예를 들어, 대표적인 대기오염 가스로 질소산화물(NOx)이라는 가스가 있다. 이 가스는 일반적으로 섭씨 1000℃를 넘는 높은 온도

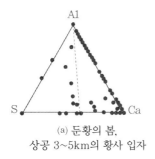

(a) 둔황의 봄,
상공 3~5km의 황사 입자

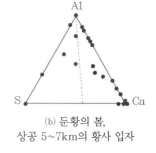

(b) 둔황의 봄,
상공 5~7km의 황사 입자

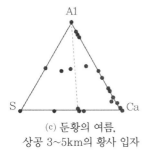

(c) 둔황의 여름,
상공 3~5km의 황사 입자

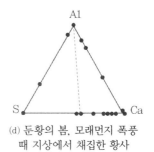

(d) 둔황의 봄, 모래먼지 폭풍
때 지상에서 채집한 황사

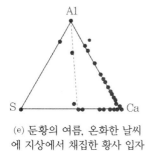

(e) 둔황의 여름, 온화한 날씨
에 지상에서 채집한 황사 입자

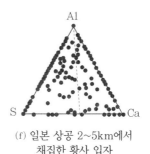

(f) 일본 상공 2~5km에서
채집한 황사 입자

그림 B.2

둔황의 황사와 일본의 황사를 알루미늄(Al), 칼슘(Ca), 황(S)의 상대
농도로 표시한 것으로, 검은 점 하나가 황사 하나를 표시한다. 점선은
황사가 황산화물로 오염되어 있는지 아닌지 여부를 판별하는 기준선이
며, 점선보다 좌측에 있는 것을 오염된 황사로 판정한다. 일본 상공에
는 황산화물이 붙은 것이 매우 많다.

에서 물질을 연소시키며 발생한다. 일상생활에서는 별로 의식하지 못하지만 자동차 엔진 속의 연소온도는 수천 ℃나 되기 때문에 엔진에서는 많은 NOx가 발생한다.

최근의 자동차는 엔진 안에서 발생한 NOx가 밖으로 배출되지 않도록 배기시스템 안에 NOx 제거장치가 들어 있다. 그래서 자동차에서 배출되는 NOx는 이전에 비해 크게 줄어들었다.

부유 중인 황사에 대기오염 물질이 달라붙어 그것이 그대로 멀리까지 날아간다는 것은 이미 설명한 바 있다.

중국의 둔황 시 상공에 기구를 띄워 채집한 황사 입자와 일본 상공의 황사 입자를, 황사 표면에 황화합물이 붙어 있는지 아닌지를 비교하는 조사도 여러 번 실시되었다. 그 결과 "일본 상공의 황사가 황산화물로 심하게 오염되어 있는 것"이 명확하게 입증되었다.

황사가 대기 중에 부유하고 있는 사이 가스상의 황산화물, 아황산가스 등을 흡수한 것으로 해석된다. 하늘을 부유하는 황사가 중국, 한국, 일본의 공업도시 상공을 지나는 사이 황산화물과 질소산화물 등을 부착하면서 미국에 도달한다. 그렇기 때문에 미국 사람들의 천식과 호흡기 질환은 황사가 날아오는 대기오염 물질과 상관이 있을지도 모른다. 이러한 소견이 제기된 것도 1980년대부터 1990년대에 걸쳐서였다.

이렇게 먼 거리를 날아와 황사가 확산되는 현상에 많은 연구자들이 관심을 기울이게 되어 '황사의 장거리 수송' 또는 '모래먼지(더스트)의 장거리 수송'이라 불리게 되었다. 그리고 미국 연구자의 제안으로 2000년에 시작된 '에이스-아시아(ACE-Asia : Aerosol Characterization Experiment-Asia)' 연구에는 20개국 이상의 연구자가 참여하여 중국 대륙 연안에 항공기를 여러 대 띄우기까지 했다.

한편, "부유 중인 황사에 대기오염 물질이 달라붙는" 현상은 매우 흥미로운 부산물을 초래하는 것으로 밝혀졌다. 그 하나는 황사가 산성비를 완화한다는 것이다. 황사가 지나는 길에 해당하는 지역에서 비의 산성 정도가 예상보다 낮다는 것이다. 산성비의 원인 물질인 황산화물과 질소산화물을 흡착하여 배제하는 것인지, 혹은 비에 황사가 흡수되었을 때 황사 입자에서 녹아나온 칼슘 등의 금속이 중화반응을 일으킨 것인지, 그 두 작용 때문인지는 밝혀지지 않았다.

다른 부산물은 바다의 생태계에 관한 것이다. 태평양 한가운데에도 황사는 떨어진다. 이 황사를 바다의 플랑크톤이 먹는다. 플랑크톤에게 있어서 황사는 미네랄과 영양염을 얻는 것이 된다.

황사 이미지의 전환

이제까지 미생물이라 하면 우리가 떠올리는 것은 흙 속이나 물 속, 혹은 지상 가까이를 돌아다니는 미생물이었다. 공기 중에 부유하고 있는 미생물은 어떠한가? 우리가 우선 생각하게 되는 것은 메르스나 인플루엔자 바이러스처럼 체내에 침입하여 건강을 해치는 것 등이다. 메르스나 인플루엔자 바이러스에 대해서도 공중에 부유하고 있는 것에 대해서는 매우 막연하여, 관심은 오직 "인간과 가축 등의 몸속에 침입하면 어떻게 되는가?" 혹은 그 결과로 일어나는 몸의 이변과 병상에 대한 예방 대책에만 관심이 쏠린다.

여기서 미생물이란 무엇을 말하는 것인지 복습 삼아 다시 한 번 정리해 보자. 이 미생물이란 말은 파충류라든가 고양이과 같은 생물의 분류에 관한 명칭이 아니라, '크기'로 본 생물의 총칭이다. 그리고 그 '크기'의 기준은 '현미경으로 비로소 보이는' 것이 타당할 것 같다.

17세기 근대과학의 화려한 막이 열리기 시작할 무렵이었다. 네덜란드의 레벤후크는 스스로 만든 현미경으로 이것저것 보고 있던 중, 너무 작아 눈으로는 볼 수 없지만 아무리 봐도 생물 같은 것을 보게 되었다. 주위의 많은 것에서도 이러한 작은 생물이 발견되었다. 그는 1673년에 관찰한 결과를 런던왕립학회에 보고했다. 고등교육을 받지 못한 그는 그 보고를 네덜란드어로 쓸 수밖에 없었지만 다행스럽게도 라틴어 혹은 영어로 번역하여 주는 지인을 만나 오늘날까지 그의 위업이 기록으로 남게 되었다. 그리고 그 후 현미경을 통해서만 볼 수 있는 생물을 미생물이라 부르게 되었다.

현미경 분야는 20세기에 들어서 경이로운 발전을 이루었다. 전자현미경이 등장하면서, 지난날의 현미경은 이 전자현미경과 구분하기 위해 광학현미경이라 부른다.

전자현미경에 의해서 광학현미경으로도 볼 수 없었던 작은 생물이 존재하는 것을 알게 되었다. 아니, 생물인지 아닌지 단언할 수 없는, 예컨대 바이러스도 발견되었다. 이 바이러스는 넓은 의미에서 미생물에 포함하는 사람도 있고, 생물은 아니지만 생물과 매우 관계가 깊은 미생물로 간주하는 사람도 있다.

미생물을 대표하는 그룹으로 균류, 조류, 원생생물, 그리고 세균 등 4개 그룹이 있다(바이러스를 포함하면 5개 그룹).

- **세균(細菌)** : 4개 그룹 중에서 가장 작은 편이다. 잘 알려진 것으로는 유산균 등이 있으며, 박테리아라고도 하고, 병원성이 있는 것은 병원균으로 부르기도 한다.
- **균류(菌類)** : 쉽게 볼 수 있는 것으로는 버섯, 그리고 곰팡이가 있다. 현미경 없이도 볼 수 있는 크기의 것도 있으므로 미생물에 속하는 것을 구별하여 미소균류라고 하기도 한다. 또 곰팡이는 굵기가 10미크론 정도의 실 모양으로 되어 있기 때문에 사상균(絲狀菌)이라고 부르기도 한다.
- **조류(藻類)** : 우선 쉽게 볼 수 있는 것으로 다시마(laminaria)가 있다. 이것도 곤포와 미역처럼 상당히 큰 것이 많이 있으므로 미생물에 속하는 작은 것을 미소조류라 하여 구별하기도 한다.
- **원생생물(原生生物)** : 아메바와 짚신벌레는 비교적 많이 알려져 있다. 말라리아의 원충 등은 크기가 10미크론 정도이다.

이들 미생물 중에서도 세균 그룹은 가장 작아, 대표적인 것이라야 크기가 수 미크론이고, 포자를 만들면 그것은 1미크론 이하인 것도 드물지 않다. 수 미크론은 황사 입자 중에서도 약간 큰 편이다. 대기 중에 부유하기 쉬운 조건으로 중요한 것은 크기이다. 너무 큰 것은 무거워 오랜 시간 부유하지 못한다. 이런 점을 고려할 때 미생물 중에서는 세균 그룹이 가장 부유하기 쉽다.

균류인 버섯이나 곰팡이 덩어리 등을 보면 상당히 큰데, 이들은 포자라고 하는 미크론 크기의 작은 세포를 뿌려 그것이 자라 새로운 개체를 만든다. 그러하므로 이것들이 자라나는 과정에서 공중에 부유할 수 있을 정도로 작은 포자를 왕성하게 생산한다.

미생물 중에서도 이처럼 크기가 다른 것이 그룹에 따라 있으므로, 대기 중에 부유하는 미생물을 채집하면 세균과 균류 그룹에 속하는 것을 목격할 확률이 높다.

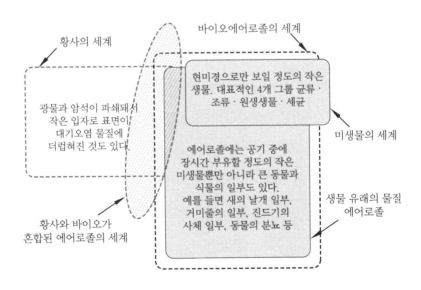

그림 B.3 황사와 미생물이 혼합된 에어로졸의 세계

'공중에 부유하는 미생물'은 '바이오에어로졸'의 일부이다. 바이오에어로졸에는 생물 유래의 미소 입자도 포함되어 있어 매우 광범위하다. '황사 바이오에어로졸'이라는 용어는 일본의 한 연구 그룹이 쓰기 시작한 것으로, 영어로는 KOSA bioaerosol(혹은 KOSA Bioaerosol Mixture ; 황사와 바이오가 혼합된 에어로졸 입자라는 뜻)이라고 한다. 유럽과 미국의 연구자들은 자주 'dust bioaerosol'이라는 용어를 사용하고 있다. 무엇이 되었건 이 분야가 급성장하고 있음을 반영하여 연구자들에 의해서 정의가 헷갈리는 일은 가끔 일어나고 있다.

황사의 세계와 바이오에어로졸의 세계를 그림 B.3처럼 펼쳐 보고, 그 위에 '멀리까지 날아가는 미생물'이라는 필터를 걸어 보면 황사와 바이오가 혼합된 에어로졸의 세계가 크게 부각된다.

황사의 발생에는 저기압 활동과 규모가 큰 산골바람 등으로 입자를 자유대기권*까지 밀어 올리는 힘이 작용하고 있다. 그럼으로써 스스로 멀리까지 확산하기 쉬워진다.

황사 바이오에어로졸에서 생각할 수 있는 규모에 대하여 간단하게 언급하도록 하겠다. 여기서 생각하는 공간의 크기는 수

---

*자유대기권(free inner space) : 자유대기권에서의 '자유'란, 지표면의 영향(제한)을 받지 않는다는 뜻이다. 공기가 움직인다는 관점에서 보면, 지표면의 저항이 현저하게 작다는 의미에서 일단 이동이 시작되면 좀처럼 멈추지 않게 된다. 이것은 마치 공원에서 개의 목줄을 풀어 주어 자유로이 놀게 하는 것과 비슷하다. 이 경우약자유'란 목줄로 개의 행동을 제한하지 않는다는 의미이다. 자유대기권의 존재는 대기 중의 물질이 장거리 수송되는 것을 생각하는 경우에는 매우 중요한 장소이다.

평 방향으로는 수십 킬로미터에서 수천 킬로미터에 이른다. 수직 방향으로도 지표면 부근에서 십수 킬로미터의 공간(접지 혼합층 및 자유대기권)이다. 이것으로 추측되는 바와 같이 대기의 큰 흐름과 관련이 있다. 이러한 규모로 부유하는 대기 조성에서 낯설지 않은 것이라면 '황사', 중국으로부터의 오염된 에어로졸과 시베리아 산림의 화재 연기 등을 생각할 수 있다.

수천 킬로미터에 이르는 장거리를 부유하는 미생물을 상상하여 보자. 그러한 미생물은 건조 상태와 자외선에 강한 등, 몇 가지 특징을 가지고 있다.

많은 미생물들이 가족(pseudopod, 假足)을 뻗어 주변의 물체(carrier ; 담체)에 부착하는 것으로 생각된다. 많은 연구자가 대기권을 장거리 부유하는 미생물에 대하여 확증은 없지만 '황사에 붙어 함께 날아오는' 경우(동아시아의 경우)와 '먼지와 함께 날아오는' 경우(사하라와 미국 대륙 사막의 경우)를 생각하는 경향이 있는 것도 이에 근거한 것이다.

미생물이 담체를 이용한다는 성질은 유용한 미생물을 의도적으로 담체 위에 흡착시키는 고정화 배양법으로, 미생물공업, 토목건축업, 농업 등에서 폭넓게 이용하고 있다. 반대로 공기나 물로 제균(除菌)하는, 공기 청정화나 물 정화를 도모할 때에도 다양한 담체가 사용된다. 그러나 미생물이 담체에 달라붙는 그 순간을 관찰한 예는 지극히 드물고, 특히 세균류가 지상에서 수 킬로미터나 되는 상공에서 어떻게 달라붙고, 그 후 어떻게 상태를 변화시키는지 등의 모습을 직접 관측한 사례는 전무하다. 이 점에 대한 실증적인 연구가 실시되기 전까지는 상당한 시간을 요할 것으로 전망된다. 어쨌든 직접 채집한 에어로졸 입자를 침착하게 관찰하여 볼 수밖에 없다.

부유 중인 황사 에어로졸

바이오에어로졸이 부유하고 있는 고도와 부유 중인 상태에 대한 실증적인 연구는 매우 국한되어 있다. 일본 가나자와대학을 중심으로 한 연구 그룹이 중국 타클라마칸 사막과 일본 노토반도에서 계류 기구로 관측한 것과 캐나다의 부테(Buteau) 등이 레이더를 이용하여 관측한 것, 미국의 콜로라도대학을 중심으로 한 연구진이 철탑을 사용하여 아마존에서 관측한 것만이 보고된 예에 불과하다. 최근 이와 같은 플랫폼에 더해, 높은 산을 플랫폼으로 활용한 에어로졸 연구가 활발하게 이루어지고 있다.

유럽에서는 일찍부터 알프스에서 대기 관측을 하고 있으며, 사하라 사막의 먼지가 유럽으로 확산되는 것을 연구해 왔다. 이러한 연구과정에서 모래먼지와 함께 온갖 다양한 미생물이 관측되어 관심을 끌게 되었다. 3천 미터를 넘는 고산지대의 대기 조성은 많든 적든 자유대기권의 영향을 강하게 받는다. 사하라의 모래먼지를 유럽으로 나르는 풍계(風系)는 황사의 경우에 비해 훨씬 복잡하며 수송루트에 해당하는 지역의 국소적인 풍계의 영향을 받거나 또는 지표면 부근의 소규모 기류의 영향도 받는다.

타클라마칸 사막 상공의 공기 관측에서는 강한 저기압 활동이 없을지라도 늘 지표면 부근의 물질을 4~5킬로미터 상공까지 확산시키는 국지 순환을 볼 수 있는 것은 앞에서 설명한 바와 같다. 계류기구의 관측으로 2킬로미터 상공에서 인지된 황사 바이오에어로졸 입자는 쉽게 4~5킬로미터 상공까지 밀려올라가, 편서풍을 타고 동쪽으로 사라진다.

2007년, 황사 발생원지인 둔황의 상공 800미터에서 계류기구를 사용하여 황사 입자를 수집하여, 그중에 미생물이 어느 정도 혼합되어 있는지를 조사했다. 그 결과, 약 10%에 미생물이 내부 혼합되어 있었다고 한다(표 B.1 참조).

또 미생물이 단독으로 부유하고 있는 경우는 발견되지 않았다. 이것은 대단히 중요한 정보이다. 이와 같은 값이 언제나 관측된다면 넓은 분야에서 이를 이용할 수 있다. 물론 앞으로도 다양한 방법으로 조사를 계속할 필요가 있다.

표 B.1 미생물이 부착되어 있는 광물 입자의 비율과 1리터당 추정 황사의 수

입자 수 농도 (d>1μm)	광물 입자의 검출빈도	미생물과 내부 혼합되어 있는 비율	미생물이 부착되어 있는 광물 입자의 개수농도 (d>1μm)
2.5×10^{3}개/L	100%	10%	2.5×10^{2}개/L

* 2007년 8월 17일 중국 둔황 시 상공 800m, 해발 1900m에서 채집한 황사의 분석을 바탕으로 추정하였다.

미생물이 황사에 부착하면 필수 미네랄을 황사 구성물인 광물에서 흡수할 수 있을 것이고, 황사 표면에 부착한 질소산화물 등을 영양염으로 흡수하는 것도 상상할 수 있다. 또 미생물의 박막은 황사의 광학적 성질과 수증기에 대한 분자물리적 성질을 대폭 변화시킬 가능성도 있다.

황사에 부착한 미생물이 황사의 높은 빙정화 능력을 더욱 높일 수는 없지만 크게 관심을 끌고 있다. 황사 입자는 $-13 \sim -20 ℃$에서 빙정(氷晶)을 형성하는 것이 시사된 바 있다. 하지만 최근 다시 빙정화 능력이 높은 바이오에어로졸이 지적되기 시작하여, 2007년 뮐러 등은 $-7 \sim -11 ℃$에서 빙정화하는 미생물의 존재를 지적한 바 있다.

대기 중을 부유하는 미생물이 구름 형성을 좌우하는 것을 통해서 지구의 물 순환과 지구의 (태양광선) 반사율을 변화시킬 가능성도 있다. 기후 변동 문제와 황사 바이오에어로졸이 연관되어 있다.

참고로, 빙핵 활성 세균이라는 미생물은 매우 높은 온도에서 물을 얼게 하는 것으로, 농업관계자 사이에서는 잘 알려져 있다. 농작물의 서리 피해 원인으로 간주되는 미생물로, 인공 조설제로 알려진 슈도모나스 시린가에(*Pseudomonas syringae*), 식품 분야에서 동결 농축제로 사용되고 있는 크산토모나스 캄페스트리스(*Xanthomonas campestris*)가 잘 알려져 있다.

침강 · 침착지에서의 황사 바이오에어로졸

황사 바이오에어로졸이 지표면이나 해면에 침강·침착하는 하강 지역에서의 영향은 매우 다양하다. 인간과 가축의 건강면에서의 영향, 농작물에 대한 영향, 육지 및 바다 생태계에 대한 영향, 날씨에 대한 영향 등을 생각할 수 있다.

어느 하나를 보아도 놀랄 만큼 많은 내용을 가지고 있다. 더욱이 미지의 것이 너무나도 많다.

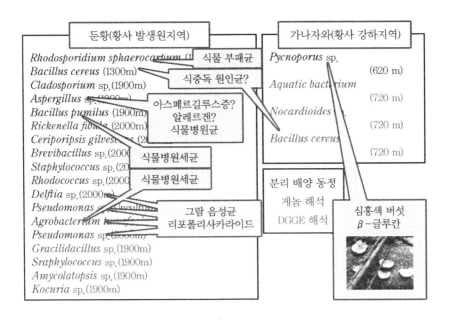

그림 B.4 둔황 시 상공에서 채집한 황사 바이오에어로졸에서 동정한 세균의 예

왼쪽 박스에는 둔황에서 발견된 것이 종합되어 있고, 참고를 위해 일본 가나자와에 서 샘플링한 결과는 오른쪽 박스에 종합했다.

"황사는 어떤 미생물을 실어오는가?" 그림 B.4는 그 결과의 일부이다.

여기서 지적해 둘 점은, 자연환경에 존재하는 세균의 90~99%는 배양이 되지 않기 때문에 종을 결정하는 데 있어서는 압도적으로 게놈 해석에 의존할 수밖에 없다. 배양이 되지 않으므로 생리활동 등을 자세하게 알 수 없다. 그리고 이렇게 채집·수집한 것 중 바이러스 등은 다루지 않았다. 이것이 가능한 것은 극히 일부 연구기관에 국한한다. 주지하는 바와 같이 바이러스는 인간에게 있어서 매우 무서운 감염증이나 전염병 등과 관련이 깊기 때문에 연구시설을 마련하는 데에도 그에 대한 대책이 충분히 강구되어야 한다. 그러므로 대학 연구실 수준으로는 어림도 없다는 것이다.

찾아보기

한글 찾아보기

영어 찾아보기

기타 찾아보기

미생물의 세계

2016년 1월 10일 1판 1쇄
2017년 8월 15일 1판 2쇄

감수 : 이정주
편역 : 정해상
펴낸이 : 이정일

펴낸곳 : 도서출판 **일진사**
www.iljinsa.com

04317 서울시 용산구 효창원로 64길 6
대표전화 : 704-1616, 팩스 : 715-3536
등록번호 : 제1979-000009호(1979.4.2)

값 14,000원

ISBN : 978-89-429-1472-2